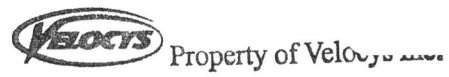

Solutions Manual to accompany

Thermal Stresses

Second Edition

Solutions Manual

to accompany

Thermal Stresses

Second Edition

Naotake Noda

Richard B. Hetnarski

Yoshinobu Tanigawa

Taylor & Francis
Taylor & Francis Group
NEW YORK AND LONDON

Published in 2003 by
Taylor & Francis
29 West 35th Street
New York, NY 10001

Published in Great Britain by
Taylor & Francis
11 New Fetter Lane
London EC4P 4EE

www.taylorandfrancis.com

Solutions Manual to accompany
THERMAL STRESSES, Second Edition

Copyright © 2003 by Taylor & Francis Books, Inc.

All rights reserved. No part of this book may be reprinted or reproduced or utilized in any form or by any electronic, mechanical, or other means, now known or hereafter invented, including photocopying and recording, or in any information storage or retrieval system, without permission in writing from the publisher.

ISBN: 1-56032-999-8

Chapter 1

[Solution 1.1] The elongation λ is from Eq. (1.10)

$$\lambda = \alpha(T_1 - T_0)l = 11.2 \times 10^{-6} \times 50 \times 25 = 14 \times 10^{-3} m = 14 mm$$

[Solution 1.2] The temperature distribution $T_1(x)$ is

$$T_1(x) = 380 + (480 - 380)(x/1)$$

Temperature rise $T_1(x) - T_0$ and elongation λ are

$$T_1(x) - T_0 = \{380 + (480 - 380)(x/1)\} - 300 = 80 + 100x$$

$$\lambda = \int_0^1 \alpha(T_1 - T_0)dx = \alpha \int_0^1 (80 + 100x)dx = 11.2 \times 10^{-6} [80x + 50x^2]_0^1$$
$$= 11.2 \times 10^{-6} \times 130 = 1.456 \times 10^{-3} m = 1.456 \times 10^{-3} mm = 1.46 mm$$

[Solution 1.3] The thermal stress σ is from Eq. (1.17)

$$\sigma = -\alpha E T = -11.2 \times 10^{-6} \times 206 \times 10^9 \times 60 = -138.4 \times 10^6 Pa = -138 \, MPa$$

[Solution 1.4] The thermal stress σ is given by Eq. (1.17), so that temperature rise T is

$$T = -\sigma_{BC} / \alpha E = -(-400 \times 10^6)/(11.2 \times 10^{-6} \times 206 \times 10^9) = 173.37$$

Then $\quad T_1 = T_0 + T = 300 + 173.37 = 473.37 K = 473 K$

[Solution 1.5] The elongation λ' due to the stress is

$$\lambda' = \sigma l / E$$

From the condition $\lambda + \lambda' = 0$, we get

1

$$\sigma = E\lambda'/l = -E\lambda/l = -206\times 10^9 \times 1.456\times 10^{-3}/1 = -299.9\times 10^6 Pa = -300 MPa$$

[Solution 1.6] The thermal stress σ_x is given by Eq. (1.20).

$$\sigma_x = -\alpha ET \frac{d_1 d_0}{[d_0 + (d_1 - d_0)x/l]^2}$$

$$= -11.2\times 10^{-6} \times 206\times 10^9 \times (-50)\{1\times 10^{-2} \times 2\times 10^{-2}/[1\times 10^{-2}$$
$$+(2\times 10^{-2} - 1\times 10^{-2})x/2]^2\}$$

$$= 230.7\times 10^6/(1+x/2)^2 Pa = 231/(1+x/2)^2 MPa$$

The maximum and minimum thermal stresses are

$$(\sigma_x)_{max} = 231 MPa, \qquad (\sigma_x)_{min} = 231/(1+2/2)^2 MPa = 57.75 MPa = 57.8 MPa$$

[Solution 1.7] The distribution of the temperature change $T(x)$ is

$$T(x) = -50x/l$$

The elongation λ is

$$\lambda = \int_0^l \alpha T(x)dx = \alpha\int_0^l (-50x/l)dx = -[25\alpha x^2/l]_0^l = -25\alpha l$$
$$= -25\times 11.2\times 10^{-6}\times 2 = -0.56\times 10^{-3} m$$

The elongation λ' due to the virtual force P is from Eq. (e) in Example 1.2

$$\lambda' = 4Pl/(E\pi d_1 d_0)$$

From the condition $\lambda + \lambda' = 0$, we get

$$P = -\int_0^l \alpha T(x)dx E\pi d_1 d_0/(4l)$$

Then

$$\sigma_x = P/A_x = -\int_0^l \alpha T(x)dx E\pi d_1 d_0/(4l)/\{(\pi/4)[d_0 + (d_1 - d_0)x/l]^2\}$$

$$= -\int_0^l \alpha T(x)dx E d_1 d_0/\{l[d_0 + (d_1 - d_0)x/l]^2\}$$

$$= 0.56\times 10^{-3} \times 206\times 10^9 \{1\times 10^{-2} \times 2\times 10^{-2}/(2[1\times 10^{-2}$$
$$+(2\times 10^{-2} - 1\times 10^{-2})x/2]^2)\}$$

$$= 115.36 \times 10^6 / (1 + x/2)^2 \ Pa = 115/(1 + x/2)^2 \ MPa$$

The maximum and minimum thermal stresses are

$$(\sigma_x)_{max} = 115 MPa, \qquad (\sigma_x)_{min} = 115/(1+2/2)^2 MPa = 28.75 MPa = 28.8 MPa$$

[Solution 1.8] The summation of elongation due to the free thermal expansion and deformation due to the stress is equal to the small gap e

$$\int_0^l \alpha T(x) dx + \sigma l / E = e$$

Then, we get

$$\sigma = -(E/l)\{\alpha \int_0^l T(x) dx - e\}$$

[Solution 1.9] The summation of elongation due to the free thermal expansion and deformation due to the stress is equal to the small gap e

$$\int_0^l \alpha T(x) dx + \int_0^l \{P/A(x)\} dx / E = e$$

Then, we get

$$P = -\frac{E}{\int_0^l \{1/A(x)\} dx} \{\alpha \int_0^l T(x) dx - e\}$$

$$\therefore \quad \sigma = \frac{P}{A(x)} = -\frac{E}{A(x) \int_0^l \{1/A(x)\} dx} \{\alpha \int_0^l T(x) dx - e\}$$

$$(\sigma)_{max} = -\frac{E}{A(x)_{min} \int_0^l \{1/A(x)\} dx} \{\alpha \int_0^l T(x) dx - e\}$$

$$(\sigma)_{min} = -\frac{E}{A(x)_{min} \int_0^l \{1/A(x)\} dx} \{\alpha \int_0^l T(x) dx - e\}$$

[Solution 1.10] From Eq. (1.38) thermal stress is

$$\sigma_1 = -\alpha_1 E_1 T_1 (1 + \alpha_2 T_2 l_2 / \alpha_1 T_1 l_1) / ((1 + A_1 E_1 l_2 / A_2 E_2 l_1))$$

$$= -11.2 \times 10^{-6} \times 206 \times 10^9 \times 50 \{1 + 23.1 \times 10^6 \times 100 \times 0.25 /(11.2 \times 10^6 \times 50 \times 0.5)\}$$

$$/[1 + (\pi/4) \times 0.01^2 \times 206 \times 10^9 \times 0.25 /\{(\pi/4) \times 0.02^2 \times 72 \times 10^9 \times 0.5\}]$$

$$= -115.36 \times 10^6 (1 + 5.775/2.8)/(1 + 51.5/144) = -260.22 \times 10^6 \, Pa = -260 \, MPa$$

$$\sigma_2 = \sigma_1 A_1 / A_2 = \sigma_1 (\pi/4) \times 0.01^2 / \{(\pi/4) \times 0.02^2\} = \sigma_1 / 4 = -260 \times 10^6 / 4$$

$$= -65 \times 10^6 \, Pa = -65 \, MPa$$

[Solution 1.11] Substitution of $T_1 = T_2 = T$ into Eq. (1.38) gives

$$\sigma_1 = -\alpha_1 E_1 T (1 + \alpha_2 l_2 / \alpha_1 l_1)/(1 + A_1 E_1 l_2 / A_2 E_2 l_1)$$

Then, $T = -(\sigma_1 / \alpha_1 E_1)(1 + A_1 E_1 l_2 / A_2 E_2 l_1)/(1 + \alpha_2 l_2 / \alpha_1 l_1)$ \hfill (a)

$$T = -\{(-400 \times 10^6)/(11.2 \times 10^{-6} \times 206 \times 10^9)\}[1 + (\pi/4) \times 0.01^2 \times 206 \times 10^9 \times 0.25$$
$$/\{(\pi/4) \times 0.02^2 \times 72 \times 10^9 \times 0.5\}]/\{1 + 23.1 \times 10^{-6} \times 0.25/(11.2 \times 10^{-6} \times 0.5)\}$$
$$= 173.37 \times (1 + 51.5/144)/(1 + 5.775/5.6) = 115.876 = 116 K$$

On the other hand,

$$\sigma_2 = \sigma_1 A_1 / A_2 = -\alpha_1 E_1 T (A_1 / A_2)(1 + \alpha_2 l_2 / \alpha_1 l_1)/(1 + A_1 E_1 l_2 / A_2 E_2 l_1)$$

Then,

$$T = -(\sigma_2 / \alpha_1 E_1)(A_2 / A_1)(1 + A_1 E_1 l_2 / A_2 E_2 l_1)/(1 + \alpha_2 l_2 / \alpha_1 l_1) \quad (b)$$

$$T = -\{(-70 \times 10^6)/(11.2 \times 10^{-6} \times 206 \times 10^9)\}\{(\pi/4) \times 0.02^2 /(\pi/4) \times 0.01^2\}$$
$$[1 + (\pi/4) \times 0.01^2 \times 206 \times 10^9 \times 0.25$$
$$/\{(\pi/4) \times 0.02^2 \times 72 \times 10^9 \times 0.5\}]/\{1 + 23.1 \times 10^{-6} \times 0.25/(11.2 \times 10^{-6} \times 0.5)\}$$
$$= 121.36 \times (1 + 51.5/144)/(1 + 5.775/5.6) = 81.11 = 81 K$$

Then allowable temperature rise is 81K.

[Solution 1.12] The final length of a bar of middle steel and two bars of copper is the same:

$$l + \alpha_s T_s l + \sigma_s l / E_s = l + \alpha_c T_c l + \sigma_c l / E_c \quad (a)$$

The equilibrium of forces gives

$$\sigma_s A_s + 2\sigma_c A_c = 0 \quad (b)$$

From Eqs. (a) and (b) we get

$$\sigma_s = E_s (\alpha_c T_c - \alpha_s T_s)/\{1 + (A_s E_s)/(2 A_c E_c)\}$$

$$\sigma_c = -\sigma_s A_s /(2 A_c)$$

[Solution 1.13] The solution of this problem is given by Eq. (1.33) with $T_1=T_2=T$ and $l_1=l_2=l$:

$$\sigma_s = -\alpha_s E_s T(1-\alpha_c/\alpha_s)/(1+A_s E_s/A_c E_c)$$

$$= -11.2\times 10^{-6} \times 206\times 10^9 \times 80\times \{1-16.5\times 10^{-6}/(11.2\times 10^{-6})\}$$

$$/\{1+1\times 10^{-4} \times 206\times 10^9 /(2\times 10^{-4} \times 120\times 10^9)\}$$

$$= 47.001\times 10^6\, Pa = 47\, MPa$$

$$\sigma_c = -\sigma_s A_s/A_c = -47\times 10^6 \times (1\times 10^{-4})/(2\times 10^{-4}) = -23.5\times 10^6\, Pa = -23.5\, MPa$$

[Solution 1.14] The solution of this problem is given by Eq. (1.33) with $T_1=T_2=T$ and $l_1=l_2=l$:

$$\sigma_s = -\alpha_s E_s T(1-\alpha_c/\alpha_s)/(1+A_s E_s/A_c E_c)$$

Allowable stress of a mild steel bolt is

$$\sigma_{sa} = \sigma_{st}/f.$$

Allowable temperature T of the mild steel bolt is given by:

$$T = -\sigma_s /\{\alpha_s E_s(1-\alpha_c/\alpha_s)/(1+A_s E_s/A_c E_c)\}$$
$$= -(\sigma_{st}/f)(1+A_s E_s/A_c E_c)/\{\alpha_s E_s(1-\alpha_c/\alpha_s)\}$$
$$= -(400\times 10^6/3)\{1+1\times 10^{-4} \times 206\times 10^9/(2\times 10^{-4} \times 120\times 10^9)\}$$
$$/\{11.2\times 10^{-6} \times 206\times 10^9 \times \{1-16.5\times 10^{-6}/(11.2\times 10^{-6})\}$$

$$= 226.944 = 227\, K$$

The stress in a copper tube is

$$\sigma_c = \alpha_s E_s T(A_s/A_c)(1-\alpha_c/\alpha_s)/(1+A_s E_s/A_c E_c)$$

Allowable stress of the copper tube is

$$\sigma_{ca} = \sigma_{ct}/f.$$

Allowable temperature T of the copper tube is given by:

$$T = \sigma_c/\{\alpha_s E_s(A_s/A_c)(1-\alpha_c/\alpha_s)/(1+A_s E_s/A_c E_c)\}$$
$$= (\sigma_{ct}/f)(A_c/A_s)(1+A_s E_s/A_c E_c)/\{\alpha_s E_s(1-\alpha_c/\alpha_s)\}$$

$$= (-300 \times 10^6 / 3) \{ 2 \times 10^{-4} / (1 \times 10^{-4}) \} \{ 1 + 1 \times 10^{-4} \times 206 \times 10^9 / (2 \times 10^{-4} \times 120 \times 10^9) \}$$

$$/ \{ 11.2 \times 10^{-6} \times 206 \times 10^9 \times \{ 1 - 16.5 \times 10^{-6} / (11.2 \times 10^{-6}) \}$$

$$= 340.416 = 340\,K$$

Then, the allowable temperature is 227K.

[Solution 1.15] The relation between the elongation of bar 1 and bar 2 is

$$\lambda_2 = \lambda_1 \cos\theta \quad \text{(a)}$$

Then,

$$\alpha_2 T_2 l_2 + \sigma_2 l_2 / E_2 = (\alpha_1 T_1 l_1 + \sigma_1 l_1 / E_1) \cos\theta \quad \text{(a')}$$

Relation between the length of bar 1 and bar 2 gives

$$l_1 = l_2 \cos\theta \quad \text{(b)}$$

Substitution of Eq. (b) into (a') reduces to

$$\alpha_2 T_2 + \sigma_2 / E_2 = (\alpha_1 T_1 + \sigma_1 / E_1) \cos^2\theta \quad \text{(c)}$$

Then,

$$(\cos^2\theta / E_1)\sigma_1 - \sigma_2 / E_2 = -\alpha_1 T_1 \cos^2\theta + \alpha_2 T_2 \quad \text{(c')}$$

The equilibrium of forces is

$$\sigma_1 A_1 + 2\sigma_2 A_2 \cos\theta = 0 \quad \text{(d)}$$

Solution of Eqs. (c') and (d) gives

$$\sigma_1 = -\alpha_1 E_1 T_1 \{ \cos^2\theta - \alpha_2 T_2 / (\alpha_1 T_1) \} / \{ \cos^2\theta + (E_1 / E_2)(A_1 / 2A_2) / \cos\theta \}$$

$$= -\alpha_1 E_1 T_1 \{ 1 - \alpha_2 T_2 / (\alpha_1 T_1 \cos^2\theta) \} / \{ 1 + A_1 E_1 / (2A_2 E_2 \cos^3\theta) \}$$

$$\sigma_2 = -\sigma_1 A_1 / (2A_2 \cos\theta)$$

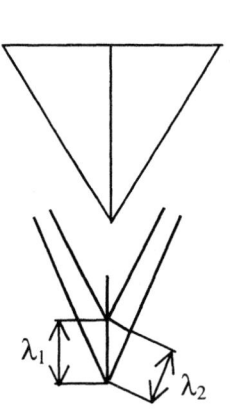

Chapter 2

[Solution 2.1]
From the Subsection 2.1.3, we get

$$\sigma_x = -\alpha ET(y) \quad \text{for beam with perfectly clamped ends} \tag{a}$$

$$\sigma_x = -\alpha ET(y) + \frac{1}{h}\int_{-h/2}^{h/2} \alpha ET(y)dy$$

for beam with free extension and restrained bending (b)

$$\sigma_x = -\alpha ET(y) + \frac{12y}{h^3}\int_{-h/2}^{h/2} \alpha ET(y)ydy$$

for beam with restrained extension and free bending (c)

$$\sigma_x = -\alpha ET(y) + \frac{1}{h}\int_{-h/2}^{h/2} \alpha ET(y)dy + \frac{12y}{h^3}\int_{-h/2}^{h/2} \alpha ET(y)ydy$$

for beam with free extension and free bending (d)

Substitution of $T(y) = C_1 y + C_0$ into Eqs. (a), (b), (c) and (d) gives

$$\sigma_x = -\alpha E(C_1 y + C_0) \quad \text{for beam with perfectly clamped ends} \tag{e}$$

$$\sigma_x = -\alpha E(C_1 y + C_0) + \frac{1}{h}\int_{-h/2}^{h/2} \alpha E(C_1 y + C_0)dy = -\alpha E(C_1 y + C_0) + \frac{1}{h}\alpha E C_0 h = -\alpha E C_1 y$$

for beam with free extension and restrained bending (f)

$$\sigma_x = -\alpha E(C_1 y + C_0) + \frac{12y}{h^3}\int_{-h/2}^{h/2} \alpha E(C_1 y + C_0)ydy = -\alpha E(C_1 y + C_0) + \frac{12y}{h^3}\alpha E \frac{2}{3}C_1 \frac{h^3}{8}$$

$$= -\alpha E C_0 \quad \text{for beam with restrained extension and free bending} \tag{g}$$

$$\sigma_x = -\alpha E(C_1 y + C_0) + \frac{1}{h}\int_{-h/2}^{h/2} \alpha E(C_1 y + C_0)dy + \frac{12y}{h^3}\int_{-h/2}^{h/2} \alpha E(C_1 y + C_0)ydy$$

$$= -\alpha E(C_1 y + C_0) + \frac{1}{h}\alpha E C_0 h + \frac{12y}{h^3}\alpha E C_1 \frac{h^3}{12} = 0$$

for beam with free extension and free bending (h)

Equation (d) in the Section 2.2 gives

$$\frac{1}{\rho} = \frac{1}{EI}\int_{-h/2}^{h/2} \alpha ET(y)ydy = \frac{12}{h^3}\int_{-h/2}^{h/2} \alpha(C_1 y + C_0)ydy = \alpha C_1$$

7

[Solution 2.2]

Substitution of $T(y) = \sum_{n=0}^{\infty}(C_{2n}y^{2n} + C_{2n+1}y^{2n+1})$ into Eq. (2.11) gives

$$\sigma_x = -\alpha ET(y) + \frac{1}{h}\int_{-h/2}^{h/2} \alpha ET(y)dy + \frac{12y}{h^3}\int_{-h/2}^{h/2} \alpha ET(y)ydy$$

$$= -\alpha E\sum_{n=0}^{\infty}(C_{2n}y^{2n} + C_{2n+1}y^{2n+1}) + \frac{1}{h}\int_{-h/2}^{h/2}\alpha E\sum_{n=0}^{\infty}(C_{2n}y^{2n} + C_{2n+1}y^{2n+1})dy$$

$$+\frac{12y}{h^3}\int_{-h/2}^{h/2}\alpha E\sum_{n=0}^{\infty}(C_{2n}y^{2n} + C_{2n+1}y^{2n+1})ydy$$

$$= -\alpha E\sum_{n=0}^{\infty}(C_{2n}y^{2n} + C_{2n+1}y^{2n+1}) + \frac{1}{h}\alpha E\sum_{n=0}^{\infty}[\frac{1}{2n+1}C_{2n}y^{2n+1} + \frac{1}{2n+2}C_{2n+1}y^{2n+2}]_{-h/2}^{h/2}$$

$$+\frac{12y}{h^3}\alpha E\sum_{n=0}^{\infty}[\frac{1}{2n+2}C_{2n}y^{2n+2} + \frac{1}{2n+3}C_{2n+1}y^{2n+3}]_{-h/2}^{h/2}$$

$$= -\alpha E\sum_{n=0}^{\infty}\{C_{2n}[y^{2n} - \frac{1}{2n+1}(\frac{h}{2})^{2n}] + C_{2n+1}[y^{2n+1} - \frac{3}{2n+3}(\frac{h}{2})^{2n}y]\} \quad (a)$$

Thermal stresses on boundary surfaces are

$$(\sigma)_{y=\pm h/2} = -\alpha E\sum_{n=0}^{\infty}[C_{2n}\frac{2n}{2n+1}(\frac{h}{2})^{2n} + C_{2n+1}\frac{2n}{2n+3}(\frac{h}{2})^{2n}(\pm\frac{h}{2})]$$

$$= -\alpha E\sum_{n=0}^{\infty} n(\frac{h}{2})^{2n}(\frac{2}{2n+1}C_{2n} \pm \frac{h}{2n+3}C_{2n+1}) \quad (b)$$

The curvature is given by Eq. (d) in the Section 2.2:

$$\frac{1}{\rho} = \frac{1}{EI}\int_{-h/2}^{h/2}\alpha ET(y)ydA = \frac{12}{Ebh^3}\int_{-h/2}^{h/2}\alpha ET(y)ybdy$$

$$= \frac{12}{h^3}\int_{-h/2}^{h/2}\alpha\sum_{n=0}^{\infty}(C_{2n}y^{2n} + C_{2n+1}y^{2n+1})ydy$$

$$= \frac{12}{h^3}\alpha\sum_{n=0}^{\infty}[\frac{1}{2n+2}C_{2n}y^{2n+2} + \frac{1}{2n+3}C_{2n+1}y^{2n+3}]_{-h/2}^{h/2}$$

$$= 3\alpha\sum_{n=0}^{\infty}\frac{1}{2n+3}C_{2n+1}(\frac{h}{2})^{2n} \quad (c)$$

[Solution 2.3]

The temperature rise is

$$T(y) = C_0 + C_1 y \quad (a)$$

Substitution of Eq. (a) into Eq. (2.11) gives

$$\sigma_x = -\alpha ET(y) + \frac{1}{h}\int_{-h/2}^{h/2} \alpha ET(y)dy + \frac{12y}{h^3}\int_{-h/2}^{h/2} \alpha ET(y)y\,dy$$

$$= -\alpha E(C_0 + C_1 y) + \frac{1}{h}\int_{-h/2}^{h/2} \alpha E(C_0 + C_1 y)dy + \frac{12y}{h^3}\int_{-h/2}^{h/2} \alpha E(C_0 + C_1 y)y\,dy$$

$$= -\alpha E(C_0 + C_1 y) + \frac{1}{h}\alpha E[C_0 y + C_1 \frac{y^2}{2}]_{-h/2}^{h/2} + \frac{12y}{h^3}[C_0 \frac{y^2}{2} + C_1 \frac{y^3}{3}]_{-h/2}^{h/2}$$

$$= -\alpha E(C_0 + C_1 y) + \alpha E C_0 + \alpha E C_1 y = 0$$

[Solution 2.4]

The variable y denotes the distance from the origin of the coordinate system. If ε_0 and ρ denote the axial strain at $y=0$ and the radius of curvature at $y=0$, respectively, the stress σ_x is

$$\sigma_x = E(\varepsilon_0 + \frac{y}{\rho} - \alpha T) \tag{a}$$

Since external forces do not act on the beam

$$\int_A \sigma_x dA = 0, \qquad \int_A \sigma_x y\,dA = 0 \tag{b}$$

From Eqs. (a) and (b), we obtain

$$\int_A E(\varepsilon_0 + \frac{y}{\rho} - \alpha T)dA = 0$$

Then

$$E\varepsilon_0 A + E\frac{1}{\rho}\int_A y\,dA = \int_A \alpha ET\,dA \tag{c}$$

Second equation in Eq. (b) gives

$$\int_A E(\varepsilon_0 + \frac{y}{\rho} - \alpha T)y\,dA = 0$$

Then

$$E\varepsilon_0 \int_A y\,dA + E\frac{1}{\rho}\int_A y^2 dA = \int_A \alpha ETy\,dA \tag{d}$$

The solution of algebra equations (c) and (d) is

$$\varepsilon_0 = \frac{1}{E(AI_2 - I_1^2)}(I_2\int_A \alpha ETdA - I_1\int_A \alpha ETydA)$$

$$\frac{1}{\rho} = \frac{1}{E(AI_2 - I_1^2)}(A\int_A \alpha ETydA - I_1\int_A \alpha ETdA) \tag{e}$$

where

$$I_1 = \int_A ydA, \quad I_2 = \int_A y^2 dA \tag{f}$$

The stress σ_x is

$$\sigma_x = -\alpha ET(y) + \frac{1}{(AI_2 - I_1^2)}[I_2\int_A \alpha ET(y)dA - I_1\int_A \alpha ET(y)ydA]$$

$$+ \frac{y}{(AI_2 - I_1^2)}[A\int_A \alpha ET(y)ydA - I_1\int_A \alpha ET(y)dA]$$

[Solution 2.5]

From Table 1.1, we get

$$\alpha_s = 11.2 \times 10^{-6}\ 1/K, \quad \alpha_a = 23.1 \times 10^{-6}\ 1/K$$

$$E_s = 206 \times 10^9\ Pa, \quad E_a = 72 \times 10^9\ Pa$$

Equation (2.21') gives

$$\sigma_{xi} = \frac{E_i}{D}[(\alpha_1 T_1 - \alpha_i T_i)E_1^2 + (\alpha_2 T_2 - \alpha_i T_i)E_2^2 + 7(\alpha_1 T_1 + \alpha_2 T_2 - 2\alpha_i T_i)E_1 E_2$$

$$- 12\frac{y}{h}E_1 E_2(\alpha_1 T_1 - \alpha_2 T_2)] \qquad (i = 1,2) \tag{a}$$

where $D = (E_1 + E_2)^2 + 12E_1 E_2$

Equation (a) for this problem reduces to

$$\sigma_{xs} = \frac{E_s E_a}{D}(\alpha_a - \alpha_s)(7E_s + E_a + 12\frac{y}{h}E_s)T$$

$$\sigma_{xa} = -\frac{E_s E_a}{D}(\alpha_a - \alpha_s)(7E_a + E_s - 12\frac{y}{h}E_a)T \tag{b}$$

Therefore, numerical results give

$$\sigma_{xs} = \frac{206\times 10^9 \times 72\times 10^9}{(206\times 10^9 + 72\times 10^9) + 12\times 206\times 10^9 \times 72\times 10^9}(23.1\times 10^{-6} - 11.2\times 10^{-6})$$

$$\times (7\times 206\times 10^9 + 72\times 10^9 + 12\frac{y}{h}\times 206\times 10^9)\times 100$$

$$= \frac{206 \times 72}{(206+72)^2 + 12 \times 206 \times 72}(23.1-11.2) \times (7 \times 206 + 72 + 12\frac{y}{h} \times 206) \times 10^5$$

$$= \frac{176500.8}{255268}(1514 + 2472\frac{y}{h}) \times 10^5 = (104.683 + 170.922\frac{y}{h}) \times 10^6 Pa$$

$$= (104.7 + 170.9\frac{y}{h}) \times 10^6 MPa$$

$$\sigma_{xa} = -\frac{206 \times 10^9 \times 72 \times 10^9}{(206 \times 10^9 + 72 \times 10^9) + 12 \times 206 \times 10^9 \times 72 \times 10^9}(23.1 \times 10^{-6} - 11.2 \times 10^{-6})$$

$$\times (7 \times 72 \times 10^9 + 206 \times 10^9 - 12\frac{y}{h} \times 72 \times 10^9) \times 100$$

$$= -\frac{206 \times 72}{(206+72)^2 + 12 \times 206 \times 72}(23.1-11.2) \times (7 \times 72 + 206 - 12\frac{y}{h} \times 72) \times 10^5$$

$$= -\frac{176500.8}{255268}(710 - 864\frac{y}{h}) \times 10^5 = -(49.0917 - 59.7398\frac{y}{h}) \times 10^6 Pa$$

$$= -(49.1 - 59.7\frac{y}{h}) \times 10^6 MPa$$

[Solution 2.6]

From Eq. (2.23'), we have for the different constant temperature rise T_i:

$$\sigma_{x1}(y_1) = -\alpha_1 E_1 T_1 + \frac{E_1}{D}[(P_{T1}+P_{T2})(E_1I_1+E_2I_2) + P_{T1}E_2A_2e^2 - (M_{T1}+M_{T2})E_2A_2e]$$

$$+ \frac{E_1 y_1}{D}[(M_{T1}+M_{T2})(E_1A_1+E_2A_2) + (P_{T2}E_1A_1 - P_{T1}E_2A_2)e]$$

$$\sigma_{x2}(y_2) = -\alpha_2 E_2 T_2 + \frac{E_2}{D}[(P_{T1}+P_{T2})(E_1I_1+E_2I_2) + P_{T2}E_1A_1e^2 + (M_{T1}+M_{T2})E_1A_1e]$$

$$+ \frac{E_2 y_2}{D}[(M_{T1}+M_{T2})(E_1A_1+E_2A_2) + (P_{T2}E_1A_1 - P_{T1}E_2A_2)e]$$

where

$$D = (E_1A_1 + E_2A_2)(E_1I_1 + E_2I_2) + E_1E_2A_1A_2e^2$$

$$P_{T1} = \int_{A_1} \alpha_1 E_1 T_1 dA_1 = \alpha_1 E_1 T_1 A_1, \quad P_{T2} = \int_{A_2} \alpha_2 E_2 T_2 dA_2 = \alpha_2 E_2 T_2 A_2$$

$$M_{T1} = \int_{A_1} \alpha_1 E_1 T_1 y_1 dA_1 = \alpha_1 E_1 T_1 \int_{A_1} y_1 dA_1 = 0,$$

$$M_{T2} = \int_{A_2} \alpha_2 E_2 T_2 y_2 dA_2 = \alpha_2 E_2 T_2 \int_{A_2} y_2 dA_2 = 0$$

Substitution of these equations into stresses gives

$$\sigma_{x1}(y_1) = \frac{E_1}{D}[-\alpha_1 T_1(E_1A_1+E_2A_2)(E_1I_1+E_2I_2)-\alpha_1 T_1 E_1 E_2 A_1 A_2 e^2$$
$$+(\alpha_1 E_1 T_1 A_1+\alpha_2 E_2 T_2 A_2)(E_1I_1+E_2I_2)+\alpha_1 E_1 T_1 A_1 E_2 A_2 e^2\,]$$
$$+\frac{E_1 y_1}{D}(\alpha_2 E_2 T_2 A_2 E_1 A_1 - \alpha_1 E_1 T_1 A_1 E_2 A_2)e$$

$$=\frac{E_1}{D}(\alpha_2 T_2-\alpha_1 T_1)[E_2A_2(E_1I_1+E_2I_2)+y_1 E_2 A_2 E_1 A_1 e]$$

$$=\frac{1}{D}(\alpha_2 T_2 - \alpha_1 T_1)E_1 E_2 A_2(E_1I_1+E_2I_2+y_1 e E_1 A_1)$$

$$\sigma_{x2}(y_2)=\frac{E_2}{D}[-\alpha_2 T_2(E_1A_1+E_2A_2)(E_1I_1+E_2I_2)-\alpha_2 T_2 E_1 E_2 A_1 A_2 e^2$$
$$+(\alpha_1 E_1 T_1 A_1+\alpha_2 E_2 T_2 A_2)(E_1I_1+E_2I_2)+\alpha_2 E_2 T_2 A_2 E_1 A_1 e^2\,]$$
$$+\frac{E_2 y_2}{D}(\alpha_2 E_2 T_2 A_2 E_1 A_1 - \alpha_1 E_1 T_1 A_1 E_2 A_2)e$$

$$=\frac{1}{D}(\alpha_1 T_1-\alpha_2 T_2)E_1 E_2 A_1(E_1I_1+E_2I_2-y_2 e E_2 A_2)$$

$$=\frac{1}{D}(\alpha_2 T_2-\alpha_1 T_1)E_1 E_2 A_1[-(E_1I_1+E_2I_2)+y_2 e E_2 A_2\,]$$

[Solution 2.7]
From Eq. (b) in the Subsection 2.3.2, we have

$$\sigma_x = E(\varepsilon_0 + \frac{y}{\rho} - \alpha T) \tag{a}$$

From the condition $\varepsilon_0 = 0$, equation (a) gives

$$\sigma_x = E(\frac{y}{\rho} - \alpha T) \tag{b}$$

Since an external moment is not applied to the beam, we get

$$\int_A \sigma_x y\,dA = 0 \tag{c}$$

Substitution of Eq. (b) into Eq. (c) gives

$$\int_A E(\frac{y}{\rho} - \alpha T)y\,dA$$
$$=\int_{A_1} E_1(\frac{y_1-e_1}{\rho}-\alpha_1 T_1)(y_1-e_1)dA_1 + \int_{A_2} E_2(\frac{y_2+e_2}{\rho}-\alpha_2 T_2)(y_2+e_2)dA_2$$

12

$$= \frac{1}{\rho} E_1 \int_{A_1} (y_1^2 - 2y_1 e_1 + e_1^2) dA_1 - \int_{A_1} \alpha_1 E_1 T_1 (y_1 - e_1) dA_1$$

$$+ \frac{1}{\rho} E_2 \int_{A_2} (y_2^2 + 2y_2 e_2 + e_2^2) dA_2 - \int_{A_2} \alpha_2 E_2 T_2 (y_2 + e_2) dA_2$$

$$= \frac{1}{\rho} I_{E2} - (M_{T1} + M_{T2} - e_1 P_{T1} + e_2 P_{T2}) = 0$$

where

$$I_{E2} = E_1 (I_1 + A_1 e_1^2) + E_2 (I_2 + A_2 e_2^2)$$

$$P_{T1} = \int_{A_1} \alpha_1 E_1 T_1 (y_1) dA_1, \qquad P_{T2} = \int_{A_2} \alpha_2 E_2 T_2 (y_2) dA_2$$

$$M_{T1} = \int_{A_1} \alpha_1 E_1 T_1 (y_1) y_1 dA_1, \qquad M_{T2} = \int_{A_2} \alpha_2 E_2 T_2 (y_2) y_2 dA_2$$

Then,

$$\frac{1}{\rho} = \frac{1}{I_{E2}} (M_{T1} + M_{T2} - e_1 P_{T1} + e_2 P_{T2}) \tag{d}$$

Substitution of Eq. (d) into Eq. (b) gives

$$\sigma_x(y_1) = -\alpha_1 E_1 T_1(y_1) + E_1(y_1 - e_1)\frac{M_T}{I_{E2}}$$

$$\sigma_x(y_2) = -\alpha_2 E_2 T_2(y_2) + E_2(y_2 + e_2)\frac{M_T}{I_{E2}}$$

(Answer)

where

$$I_{E2} = E_1 (I_1 + A_1 e_1^2) + E_2 (I_2 + A_2 e_2^2)$$

$$M_T = \int_{A_1} \alpha_1 E_1 T_1(y_1) y_1 dA_1 + \int_{A_2} \alpha_2 E_2 T_2(y_2) y_2 dA_2$$

$$+ e_2 \int_{A_2} \alpha_2 E_2 T_2(y_2) dA_2 - e_1 \int_{A_1} \alpha_1 E_1 T_1(y_1) dA_1$$

[Solution 2.8]

The temperature changes from an initial temperature are from Eq. (a):

$$T_1 = T_1^* - T_0 = (T_a - T_0) - (T_a - T_b)\frac{1 + y/h_1}{1 + \lambda_1 h_2 / \lambda_2 h_1}$$

$$T_2 = T_2^* - T_0 = (T_a - T_0) - (T_a - T_b)\frac{1 + \lambda_1 y / \lambda_2 h_1}{1 + \lambda_1 h_2 / \lambda_2 h_1}$$

(a)

If we put

$$C_1 = 1/h_1, \quad C_2 = \lambda_1 / \lambda_2 h_1, \quad K = 1/(1 + \lambda_1 h_2 / \lambda_2 h_1)$$

equation (a) reduces to

$$T_i = T_i^* - T_0 = (T_a - T_0) + (T_b - T_a)K(1 + C_i y) \quad (i = 1,2) \tag{b}$$

Thermal stresses in a two-layered beam are given by Eq. (2.18):

$$\sigma_{xi}(y) = -\alpha_i E_i T_i(y) + \frac{2E_i}{D}\{2[\int_{-h_1}^{0} \alpha_1 E_1 T_1(y) b_1 dy + \int_{0}^{h_2} \alpha_2 E_2 T_2(y) b_2 dy]$$
$$\times (E_2 h_2^3 b_2 + E_1 h_1^3 b_1)$$
$$-3[\int_{-h_1}^{0} \alpha_1 E_1 T_1(y) b_1 y dy + \int_{0}^{h_2} \alpha_2 E_2 T_2(y) b_2 y dy](E_2 h_2^2 b_2 - E_1 h_1^2 b_1)\}$$
$$+\frac{6E_i y}{D}\{2[\int_{-h_1}^{0} \alpha_1 E_1 T_1(y) b_1 y dy + \int_{0}^{h_2} \alpha_2 E_2 T_2(y) b_2 y dy](E_2 h_2 b_2 + E_1 h_1 b_1)$$
$$-[\int_{-h_1}^{0} \alpha_1 E_1 T_1(y) b_1 dy + \int_{0}^{h_2} \alpha_2 E_2 T_2(y) b_2 dy](E_2 h_2^2 b_2 - E_1 h_1^2 b_1)\} \quad (c)$$

where

$$D = (E_2 h_2^2 b_2 - E_1 h_1^2 b_1)^2 + 4 E_1 E_2 h_1 h_2 (h_1 + h_2)^2 b_1 b_2$$

Substitution of Eq. (b) into Eq. (c) yields

$$\sigma_{xi}(y) = -\alpha_i E_i\{(T_a - T_0) + (T_b - T_a)K(1 + C_i y)\}$$
$$+\frac{2E_i}{D}\{2[\int_{-h_1}^{0} \alpha_1 E_1\{(T_a - T_0) + (T_b - T_a)K(1 + C_1 y)\} b_1 dy$$
$$+\int_{0}^{h_2} \alpha_2 E_2\{(T_a - T_0) + (T_b - T_a)K(1 + C_2 y)\} b_2 dy](E_2 h_2^3 b_2 + E_1 h_1^3 b_1)$$
$$-3[\int_{-h_1}^{0} \alpha_1 E_1\{(T_a - T_0) + (T_b - T_a)K(1 + C_1 y)\} b_1 y dy$$
$$+\int_{0}^{h_2} \alpha_2 E_2\{(T_a - T_0) + (T_b - T_a)K(1 + C_2 y)\} b_2 y dy](E_2 h_2^2 b_2 - E_1 h_1^2 b_1)\}$$
$$+\frac{6E_i y}{D}\{2[\int_{-h_1}^{0} \alpha_1 E_1\{(T_a - T_0) + (T_b - T_a)K(1 + C_1 y)\} b_1 y dy$$
$$+\int_{0}^{h_2} \alpha_2 E_2\{(T_a - T_0) + (T_b - T_a)K(1 + C_2 y)\} b_2 y dy](E_2 h_2 b_2 + E_1 h_1 b_1)$$
$$-[\int_{-h_1}^{0} \alpha_1 E_1\{(T_a - T_0) + (T_b - T_a)K(1 + C_1 y)\} b_1 dy$$
$$+\int_{0}^{h_2} \alpha_2 E_2\{(T_a - T_0) + (T_b - T_a)K(1 + C_2 y)\} b_2 dy](E_2 h_2^2 b_2 - E_1 h_1^2 b_1)\}$$
$$= -\alpha_i E_i\{(T_a - T_0) + (T_b - T_a)K(1 + C_i y)\}$$
$$+\frac{2E_i}{D}\{2[\alpha_1 E_1\{(T_a - T_0)h_1 + (T_b - T_a)K(h_1 - C_1 \frac{h_1^2}{2})\} b_1$$
$$+\alpha_2 E_2\{(T_a - T_0)h_2 + (T_b - T_a)K(h_2 + C_2 \frac{h_2^2}{2})\} b_2](E_2 h_2^3 b_2 + E_1 h_1^3 b_1)$$
$$-3[\alpha_1 E_1\{-(T_a - T_0)\frac{h_1^2}{2} + (T_b - T_a)K(-\frac{h_1^2}{2} + C_1 \frac{h_1^3}{3})\} b_1$$
$$+\alpha_2 E_2\{(T_a - T_0)\frac{h_2^2}{2} + (T_b - T_a)K(\frac{h_2^2}{2} + C_2 \frac{h_2^3}{3})\} b_2](E_2 h_2^2 b_2 - E_1 h_1^2 b_1)\}$$

$$+\frac{6E_i y}{D}\{2[\alpha_1 E_1\{-(T_a-T_0)\frac{h_1^2}{2}+(T_b-T_a)K(-\frac{h_1^2}{2}+C_1\frac{h_1^3}{3})\}b_1$$

$$+\alpha_2 E_2\{(T_a-T_0)\frac{h_2^2}{2}+(T_b-T_a)K(\frac{h_2^2}{2}+C_2\frac{h_2^3}{3})\}b_2](E_2 h_2 b_2+E_1 h_1 b_1)$$

$$-[\alpha_1 E_1\{(T_a-T_0)h_1+(T_b-T_a)K(h_1-C_1\frac{h_1^2}{2})\}b_1$$

$$+\alpha_2 E_2\{(T_a-T_0)h_2+(T_b-T_a)K(h_2+C_2\frac{h_2^2}{2})\}b_2](E_2 h_2^2 b_2-E_1 h_1^2 b_1)\}$$

Finally we get

$$\sigma_{xi}(y)=-\alpha_i E_i(T_a-T_0)\{1-\frac{1}{D\alpha_i}[4(\alpha_1 E_1 h_1 b_1+\alpha_2 E_2 h_2 b_2)(E_2 h_2^3 b_2+E_1 h_1^3 b_1)$$

$$+3(\alpha_1 E_1 h_1^2 b_1-\alpha_2 E_2 h_2^2 b_2)(E_2 h_2^2 b_2-E_1 h_1^2 b_1)]$$

$$+\frac{6y}{D\alpha_i}[(\alpha_1 E_1 h_1^2 b_1-\alpha_2 E_2 h_2^2 b_2)(E_2 h_2 b_2+E_1 h_1 b_1)$$

$$+(\alpha_1 E_1 h_1 b_1+\alpha_2 E_2 h_2 b_2)(E_2 h_2^2 b_2-E_1 h_1^2 b_1)]\}$$

$$-\alpha_i E_i(T_b-T_a)K\{(1+C_i y)$$

$$-\frac{1}{D\alpha_i}[2\{\alpha_1 E_1(2-C_1 h_1)h_1 b_1+\alpha_2 E_2(2+C_2 h_2)h_2 b_2\}(E_2 h_2^3 b_2+E_1 h_1^3 b_1)$$

$$+\{\alpha_1 E_1(3-2C_1 h_1)h_1^2 b_1-\alpha_2 E_2(3+2C_2 h_2)h_2^2 b_2\}(E_2 h_2^2 b_2-E_1 h_1^2 b_1)]$$

$$+\frac{y}{D\alpha_i}[2\{\alpha_1 E_1(3-2C_1 h_1)h_1^2 b_1-\alpha_2 E_2(3+2C_2 h_2)h_2^2 b_2\}(E_2 h_2 b_2+E_1 h_1 b_1)$$

$$-3\{\alpha_1 E_1(2-C_1 h_1)h_1 b_1+\alpha_2 E_2(2+C_2 h_2)h_2 b_2\}(E_2 h_2^2 b_2-E_1 h_1^2 b_1)]\} \quad \text{(Answer)}$$

[Solution 2.9]

When the beam is subjected to external moment M only,

$$\int_A \sigma_x dA=0, \qquad M=\int_A \sigma_x y dA \qquad (a)$$

The substitution of Eq. (2.14) into Eq. (a) yields

$$\varepsilon_0=\frac{1}{EA}\int_A \alpha ET(y)dA, \qquad \frac{1}{\rho}=\frac{M}{EI}+\frac{1}{EI}\int_A \alpha ET(y)y dA \qquad (b)$$

From Eqs. (2.46) and (b), we get

$$-\frac{d^2v}{dx^2} = \frac{M}{EI} + \frac{1}{EI}\int_A \alpha ET(y)y\,dA \qquad (c)$$

The deflection and the external moment are zero at the simply supported edge so that

$$v = 0, \quad \frac{d^2v}{dx^2} + \frac{1}{EI}\int_A \alpha ET(y)y\,dA = 0 \qquad (d)$$

Then,

$$v = 0, \quad \frac{d^2v}{dx^2} + \frac{M_T}{EI} = 0 \qquad \text{(Answer)}$$

[Solution 2.10]
The deflection is given by Eq. (2.49):

$$v = -\iint \frac{M_T}{EI}\,dx\,dx + C_1 x + C_2 \qquad (a)$$

where

$$M_T = \int_A \alpha ET y\,dA, \qquad I = \frac{bh^3}{12}, \qquad T = \sum_{i=0}^{n} T_{2i} y^{2i} + \sum_{i=0}^{n} T_{2i+1} y^{2i+1}$$

Calculation of M_T is

$$\begin{aligned} M_T &= \int_A \alpha ET y\,dA = \int_{-h/2}^{h/2} \alpha Eb \left(\sum_{i=0}^{n} T_{2i} y^{2i+1} + \sum_{i=0}^{n} T_{2i+1} y^{2i+2} \right) dy \\ &= 2\alpha Eb \sum_{i=0}^{n} \frac{T_{2i+1}}{2i+3}\left(\frac{h}{2}\right)^{2i+3} \end{aligned} \qquad (b)$$

From Eqs. (a) and (b) we get

$$v = -2\iint \frac{\alpha Eb}{EI} \sum_{i=0}^{n} \frac{T_{2i+1}}{2i+3}\left(\frac{h}{2}\right)^{2i+3} dx\,dx + C_1 x + C_2$$

$$= -\frac{3\alpha}{2} \sum_{i=0}^{n} \frac{T_{2i+1}}{2i+3}\left(\frac{h}{2}\right)^{2i} x^2 + C_1 x + C_2 \qquad (c)$$

The boundary conditions of the simply supported beam are

$$v = 0 \qquad \text{at} \quad x=0 \quad \text{and} \quad x=l \qquad (d)$$

The boundary conditions give

$$C_1 = \frac{3\alpha}{2} \sum_{i=0}^{n} \frac{T_{2i+1}}{2i+3}\left(\frac{h}{2}\right)^{2i} l, \quad C_2 = 0 \qquad (e)$$

From Eqs. (c) and (e) we get

$$v = \frac{3}{2}\alpha \sum_{i=0}^{n} \frac{T_{2i+1}}{2i+3}\left(\frac{h}{2}\right)^{2i} x(l-x) \qquad \text{(Answer)}$$

[Solution 2.11]
Equation (2.56) gives

$$\varepsilon_0 = \frac{N}{EA} + \frac{M}{EAR}, \quad \omega_0 = \frac{N}{EA} + \frac{M}{EAR}(1+\frac{1}{\kappa})$$

where

$$\kappa = -\frac{1}{A}\int_A \frac{y}{R+y}dA$$

$$N = \int_A \alpha ET dA - \int_A \frac{E}{R+y}(\int_0^y \alpha T dy)dA$$

$$M = \int_A \alpha ET y dA - \int_A \frac{Ey}{R+y}(\int_0^y \alpha T dy)dA$$

As T is constant, we get

$$\kappa = -\frac{1}{h}\int_{-h/2}^{h/2} \frac{y}{R+y}dy, \quad N = \alpha ETb(h - \int_{-h/2}^{h/2} \frac{y}{R+y}dy) = \alpha ETbh(1+\kappa)$$

$$M = -\alpha ETb\int_{-h/2}^{h/2} \frac{y^2}{R+y}dy = -\alpha ETb\int_{-h/2}^{h/2} \frac{y(R+y)-yR}{R+y}dy = -\alpha ETbh\kappa R$$

Therefore,

$$\varepsilon_0 = \frac{N}{EA} + \frac{M}{EAR} = \frac{1}{EA}\{\alpha ETbh(1+\kappa) + \frac{1}{R}(-\alpha ETbh\kappa R)\} = \alpha T \quad (a)$$

$$\omega_0 = \frac{N}{EA} + \frac{M}{EAR}(1+\frac{1}{\kappa}) = \frac{1}{EA}\{\alpha ETbh(1+\kappa) + \frac{1}{R}(-\alpha ETbh\kappa R)(1+\frac{1}{\kappa})\} = \alpha T - \alpha T = 0 \quad (b)$$

Then,

$$\sigma_{\theta\theta} = -\alpha ET + \frac{E}{R+y}(\varepsilon_0 R + \omega_0 y + \int_0^y \alpha T dy)$$

$$= -\alpha ET + \frac{E}{R+y}(\alpha TR + \alpha Ty) = -\alpha ET + \alpha ET = 0$$

$$\rho = \frac{1+\varepsilon_0}{1+\omega_0}R = (1+\alpha T)R \quad \text{(Answer)}$$

Using Eqs. (2.52) and (b), we get

$$\triangle d\theta = \omega_0 d\theta = 0 \quad \therefore \quad \triangle \theta = 0$$

Chapter 3

[Solution 3.1]
Steady temperature is
$$T = Ax + B \tag{a}$$
Boundary conditions are
$$T = T_a \quad \text{at} \quad x=0$$
$$-\lambda \frac{dT}{dx} = h_b(T - T_b) \quad \text{at} \quad x=l \tag{b}$$

Substitution of Eq. (a) into the boundary conditions (b) gives
$$A = (T_b - T_a)\frac{h_b}{\lambda + h_b l}, \quad B = T_a \tag{c}$$

The temperature is written as
$$T = T_a + (T_a - T_b)\frac{h_b}{\lambda + h_b l} x \tag{Answer}$$

[Solution 3.2]
Equation (y) in Subsection 3.3.3 is
$$\sum_{n=1}^{\infty} A_n (\sin s_n x + \frac{\lambda s_n}{h_a} \cos s_n x) = T_i(x) - (A_0 x + B_0) \tag{a}$$

First, we calculate integrals:
$$I_{mn} = \int_0^l (\sin s_m x + \frac{\lambda s_m}{h_a} \cos s_m x)(\sin s_n x + \frac{\lambda s_n}{h_a} \cos s_n x) dx$$

$$= \int_0^l (\sin s_m x \sin s_n x + \frac{\lambda s_m}{h_a} \cos s_m x \sin s_n x + \frac{\lambda s_n}{h_a} \cos s_n x \sin s_m x$$
$$+ \frac{\lambda s_n}{h_a} \frac{\lambda s_m}{h_a} \cos s_m x \cos s_n x) dx$$

$$= \frac{1}{2}\{-[\frac{\sin(s_m + s_n)l}{s_m + s_n} - \frac{\sin(s_m - s_n)l}{s_m - s_n}] - \frac{\lambda s_m}{h_a}[\frac{\cos(s_m + s_n)l - 1}{s_m + s_n} - \frac{\cos(s_m - s_n)l - 1}{s_m - s_n}]$$
$$- \frac{\lambda s_n}{h_a}[\frac{\cos(s_m + s_n)l - 1}{s_m + s_n} - \frac{\cos(s_n - s_m)l - 1}{s_n - s_m}]$$
$$+ \frac{\lambda s_m}{h_a}\frac{\lambda s_n}{h_a}[\frac{\sin(s_m + s_n)l}{s_m + s_n} + \frac{\sin(s_m - s_n)l}{s_m - s_n}]\}$$

$$= \frac{1}{2(s_m^2 - s_n^2)} \{ -(s_m - s_n)(1 - \frac{\lambda^2 s_m s_n}{h_a^2}) \sin(s_m + s_n)l$$

$$+ (s_m + s_n)(1 + \frac{\lambda^2 s_m s_n}{h_a^2}) \sin(s_m - s_n)l - \frac{\lambda}{h_a}(s_m^2 - s_n^2)[\cos(s_m + s_n)l - \cos(s_m - s_n)l] \}$$

$$= \frac{1}{2(s_m^2 - s_n^2)} \{ -[(s_m - s_n)(1 - \frac{\lambda^2 s_m s_n}{h_a^2}) - (s_m + s_n)(1 + \frac{\lambda^2 s_m s_n}{h_a^2})] \sin s_m l \cos s_n l$$

$$- [(s_m - s_n)(1 - \frac{\lambda^2 s_m s_n}{h_a^2}) + (s_m + s_n)(1 + \frac{\lambda^2 s_m s_n}{h_a^2})] \sin s_n l \cos s_m l \qquad (b)$$

$$+ 2\frac{\lambda}{h_a}(s_m^2 - s_n^2) \sin s_m l \sin s_n l \}$$

Eq. (3.45) reduces to

$$\sin sl = \frac{\lambda s(h_a + h_b)}{\lambda^2 s^2 - h_a h_b} \cos sl \qquad (c)$$

Using Eq. (b), I_{mn} reduces to

$$I_{mn} = \frac{1}{2(s_m^2 - s_n^2)} \{ 2s_n(1 + \frac{\lambda^2 s_m^2}{h_a^2}) \frac{\lambda s_m(h_a + h_b)}{\lambda^2 s_m^2 - h_a h_b} - 2s_m(1 + \frac{\lambda^2 s_n^2}{h_a^2}) \frac{\lambda s_n(h_a + h_b)}{\lambda^2 s_n^2 - h_a h_b}$$

$$+ 2\frac{\lambda}{h_a}(s_m^2 - s_n^2) \frac{\lambda s_m(h_a + h_b)}{\lambda^2 s_m^2 - h_a h_b} \frac{\lambda s_n(h_a + h_b)}{\lambda^2 s_n^2 - h_a h_b} \} \cos s_m l \cos s_n l$$

$$= \frac{\lambda s_m s_n(h_a + h_b) \cos s_m l \cos s_n l}{(s_m^2 - s_n^2)(\lambda^2 s_m^2 - h_a h_b)(\lambda^2 s_n^2 - h_a h_b)} [(1 + \frac{\lambda^2 s_m^2}{h_a^2})(\lambda^2 s_n^2 - h_a h_b)$$

$$- (1 + \frac{\lambda^2 s_n^2}{h_a^2})(\lambda^2 s_m^2 - h_a h_b) + \frac{\lambda^2(h_a + h_b)}{h_a}(s_m^2 - s_n^2)]$$

$$= \frac{\lambda s_m s_n(h_a + h_b) \cos s_m l \cos s_n l}{(s_m^2 - s_n^2)(\lambda^2 s_m^2 - h_a h_b)(\lambda^2 s_n^2 - h_a h_b)} [-\lambda^2(s_m^2 - s_n^2) - \frac{\lambda^2}{h_a^2} h_a h_b(s_m^2 - s_n^2)$$

$$+ \frac{\lambda^2(h_a + h_b)}{h_a}(s_m^2 - s_n^2)] = 0 \qquad (d)$$

$$I_{nn} = \int_0^l (\sin s_n x + \frac{\lambda s_n}{h_a} \cos s_n x)^2 dx$$

$$= \int_0^l (\sin^2 s_n x + 2\frac{\lambda s_n}{h_a} \sin s_n x \cos s_n x + \frac{\lambda^2 s_n^2}{h_a^2} \cos^2 s_n x) dx$$

$$= \int_0^l \frac{1}{2}[(1 - \cos 2s_n x) + 2\frac{\lambda s_n}{h_a} \sin 2s_n x + \frac{\lambda^2 s_n^2}{h_a^2}(1 + \cos 2s_n x)] dx$$

$$= \int_0^l \frac{1}{2}[(1-\cos 2s_n x) + 2\frac{\lambda s_n}{h_a}\sin 2s_n x + \frac{\lambda^2 s_n^2}{h_a^2}(1+\cos 2s_n x)]dx$$

$$= \frac{l}{2}(1+\frac{\lambda^2 s_n^2}{h_a^2}) - \frac{\lambda}{2h_a}(\cos 2s_n l - 1) + \frac{1}{4s_n}(\frac{\lambda^2 s_n^2}{h_a^2} - 1)\sin 2s_n l$$

$$= \frac{l}{2}(1+\frac{\lambda^2 s_n^2}{h_a^2}) - \frac{\lambda}{2h_a}(\frac{1-\tan^2 s_n l}{1+\tan^2 s_n l} - 1) + \frac{1}{2s_n}(\frac{\lambda^2 s_n^2}{h_a^2} - 1)\frac{\tan s_n l}{1+\tan^2 s_n l}$$

$$= \frac{l}{2}(1+\frac{\lambda^2 s_n^2}{h_a^2}) + \frac{\lambda}{h_a}\frac{\tan^2 s_n l}{1+\tan^2 s_n l} + \frac{1}{2s_n}(\frac{\lambda^2 s_n^2}{h_a^2} - 1)\frac{\tan s_n l}{1+\tan^2 s_n l} \qquad (e)$$

Substitution of Eq. (3.45) into Eq. (e) gives

$$I_{nn} = \frac{l}{2}(1+\frac{\lambda^2 s_n^2}{h_a^2}) + \frac{\lambda}{h_a}\frac{[\frac{\lambda s_n(h_a+h_b)}{\lambda^2 s_n^2 - h_a h_b}]^2}{1+[\frac{\lambda s_n(h_a+h_b)}{\lambda^2 s_n^2 - h_a h_b}]^2} + \frac{1}{2s_n}(\frac{\lambda^2 s_n^2}{h_a^2} - 1)\frac{\frac{\lambda s_n(h_a+h_b)}{\lambda^2 s_n^2 - h_a h_b}}{1+[\frac{\lambda s_n(h_a+h_b)}{\lambda^2 s_n^2 - h_a h_b}]^2}$$

$$= \frac{l}{2}(1+\frac{\lambda^2 s_n^2}{h_a^2}) + \frac{1}{(\lambda^2 s_n^2 - h_a h_b)^2 + \lambda^2 s_n^2(h_a+h_b)^2}[\frac{\lambda}{h_a}\lambda^2 s_n^2(h_a+h_b)^2$$

$$+ \frac{1}{2s_n}(\frac{\lambda^2 s_n^2}{h_a^2} - 1)\lambda s_n(h_a+h_b)(\lambda^2 s_n^2 - h_a h_b)]$$

$$= \frac{l}{2}(1+\frac{\lambda^2 s_n^2}{h_a^2}) + \frac{\lambda}{2h_a^2}\frac{(h_a+h_b)[(\lambda^2 s_n^2 - h_a^2)(\lambda^2 s_n^2 - h_a h_b) + 2h_a \lambda^2 s_n^2(h_a+h_b)]}{\lambda^4 s_n^4 + \lambda^2 s_n^2(h_a^2+h_b^2) + h_a^2 h_b^2}$$

$$= \frac{l}{2h_a^2}(\lambda^2 s_n^2 + h_a^2) + \frac{\lambda}{2h_a^2}\frac{(h_a+h_b)(\lambda^2 s_n^2 + h_a^2)(\lambda^2 s_n^2 + h_a h_b)}{(\lambda^2 s_n^2 + h_a^2)(\lambda^2 s_n^2 + h_b^2)}$$

$$= \frac{1}{2h_a^2(\lambda^2 s_n^2 + h_b^2)}[(\lambda^2 s_n^2 + h_a^2)(\lambda^2 s_n^2 + h_b^2)l + \lambda(h_a+h_b)(\lambda^2 s_n^2 + h_a h_b)] \qquad (f)$$

Multiplying both sides of Eq. (a) by $(\sin s_m x + \frac{\lambda s_m}{h_a}\cos s_m x)$, integrating it from zero to l, and using the integrals (e) and (f), we get

$$A_m = \frac{2h_a^2(\lambda^2 s_n^2 + h_b^2)\int_o^l [T_i(x) - (A_0 x + B_0)](\sin s_m x + \frac{\lambda s_m}{h_a}\cos s_n x)dx}{(\lambda^2 s_n^2 + h_a^2)(\lambda^2 s_n^2 + h_b^2)l + \lambda(h_a+h_b)(\lambda^2 s_n^2 + h_a h_b)} \qquad \text{(Answer)}$$

[Solution 3.3]
General solution of the temperature is given by Eq. (t) in Subsection 3.3.3:

$$T(x,t) = A_0 x + B_0 + \sum_{n=1}^{\infty} (A_n \sin s_n x + B_n \cos s_n x) e^{-\kappa s_n^2 t} \qquad (a)$$

Initial condition is

$$T = T_i(x) \qquad \text{at} \quad t=0 \qquad (b)$$

[Prove Eq. (3.51)]

The boundary conditions are

$$T = T_a \quad \text{on} \quad x=0, \qquad T = T_b \quad \text{on} \quad x=l \qquad (c)$$

The boundary conditions give

$$A_0 = \frac{T_b - T_a}{l}, \quad B_0 = T_a, \quad B_n = 0, \quad \sin s_n l = 0 \qquad (d)$$

Last equation in Eq. (d) means $s_n = \frac{n\pi}{l}$. The temperature reduces to

$$T(x,t) = T_a + (T_b - T_a)\frac{x}{l} + \sum_{n=1}^{\infty} A_n \sin n\pi \frac{x}{l} e^{-\kappa n^2 \pi^2 t / l^2} \qquad (e)$$

From the initial condition (b), we have

$$\sum_{n=1}^{\infty} A_n \sin n\pi \frac{x}{l} = T_i(x) - T_a - (T_b - T_a)\frac{x}{l} \qquad (f)$$

Multiplying both sides of Eq. (f) by $\sin m\pi \frac{x}{l}$, integrating it from zero to l, and using integral:

$$\int_0^a \sin^2(n\pi \frac{x}{l}) dx = \frac{1}{2}\int_0^a [1 - \cos(2n\pi \frac{x}{l})]dx = \frac{1}{2}(l - \frac{l}{2n\pi}\sin 2n\pi)$$
$$= \frac{l}{2}(1 - \frac{1}{n\pi}\sin n\pi \cos n\pi) = \frac{l}{2}$$

the coefficient A_m can be determined as

$$A_m = \frac{2}{l}\int_0^l [T_i(x) - T_a - (T_b - T_a)\frac{x}{l}] \sin m\pi \frac{x}{l} dx \qquad (g)$$

The temperature is

$$T = T_a + (T_b - T_a)\frac{x}{l}$$
$$+ \frac{2}{l}\sum_{n=1}^{\infty} \{\int_0^l [T_i(x) - T_a - (T_b - T_a)\frac{x}{l}] \sin n\pi \frac{x}{l} dx\} \sin n\pi \frac{x}{l} e^{-\kappa n^2 \pi^2 t / l^2}$$

or in dimensionless form

$$T = T_a + (T_b - T_a)X$$
$$+ 2\sum_{n=1}^{\infty} \{\int_0^1 [T_i(X) - T_a - (T_b - T_a)X] \sin n\pi X dX\} \sin n\pi X e^{-n^2\pi^2 F} \quad (3.51)$$

[Prove Eq. (3.52)]

The boundary conditions are

$$T = T_a \quad \text{on} \quad x=0, \quad \frac{\partial T}{\partial x} = 0 \quad \text{on} \quad x=l \quad \text{(h)}$$

The boundary conditions give

$$A_0 = 0, \quad B_0 = T_a, \quad B_n = 0, \quad \cos s_n l = 0 \quad \text{(i)}$$

The last equation in Eq. (i) means $s_n = (n - \frac{1}{2})\frac{\pi}{l}$. The temperature reduces to

$$T(x,t) = T_a + \sum_{n=1}^{\infty} A_n \sin(n - \frac{1}{2})\pi \frac{x}{l} e^{-\kappa(2n-1)^2 \pi^2 t / 4l^2} \quad \text{(j)}$$

From the initial condition (b), we have

$$\sum_{n=1}^{\infty} A_n \sin(n - \frac{1}{2})\pi \frac{x}{l} = T_i(x) - T_a \quad \text{(k)}$$

Multiplying both sides of Eq. (k) by $\sin(m - \frac{1}{2})\pi \frac{x}{l}$, integrating it from 0 to l, A_m may be determined as

$$A_m = \frac{2}{l} \int_0^l [T_i(x) - T_a] \sin(m - \frac{1}{2})\pi \frac{x}{l} dx \quad \text{(l)}$$

The temperature is

$$T = T_a + \frac{2}{l} \sum_{n=1}^{\infty} \{\int_0^l [T_i(x) - T_a] \sin(n - \frac{1}{2})\pi \frac{x}{l} dx\} \sin(n - \frac{1}{2})\pi \frac{x}{l} e^{-\kappa(2n-1)^2 \pi^2 t / 4l^2}$$

or in dimensionless form

$$T = T_a + 2\sum_{n=1}^{\infty} \{\int_0^1 [T_i(X) - T_a] \sin(n - \frac{1}{2})\pi X dX\} \sin(n - \frac{1}{2})\pi X e^{-(2n-1)^2 \pi^2 F / 4} \quad (3.52)$$

[Prove Eq. (3.53)]

The boundary conditions are

$$T = T_a \quad \text{on} \quad x=0 \qquad -\lambda \frac{\partial T}{\partial x} = q_b \quad \text{on} \quad x=l \quad \text{(m)}$$

The boundary conditions give

$$A_0 = -\frac{q_b}{\lambda}, \quad B_0 = T_a, \quad B_n = 0, \quad cos_n l = 0 \tag{n}$$

Last equation in Eq. (n) means $s_n = (n - \frac{1}{2})\frac{\pi}{l}$. The temperature reduces to

$$T(x,t) = T_a - \frac{q_b}{\lambda}x + \sum_{n=1}^{\infty} A_n sin(n - \frac{1}{2})\pi\frac{x}{l} e^{-\kappa(2n-1)^2 \pi^2 t / 4l^2} \tag{m}$$

From the initial condition (b), we have

$$\sum_{n=1}^{\infty} A_n sin(n - \frac{1}{2})\pi\frac{x}{l} = T_i(x) - (T_a - \frac{q_b}{\lambda}x) \tag{o}$$

Multiplying both sides of Eq. (k) by $sin(m - \frac{1}{2})\pi\frac{x}{l}$, integrating it from 0 to l, A_m may be determined as

$$A_m = \frac{2}{l}\int_0^l [T_i(x) - (T_a - \frac{q_b}{\lambda}x)] sin(m - \frac{1}{2})\pi\frac{x}{l} dx \tag{p}$$

The temperature is

$$T = T_a - \frac{q_b}{\lambda}x + \frac{2}{l}\sum_{n=1}^{\infty} \{\int_0^l [T_i(x) - (T_a - \frac{q_b}{\lambda}x)] sin(n - \frac{1}{2})\pi\frac{x}{l} dx\}$$
$$\times sin(n - \frac{1}{2})\pi\frac{x}{l} e^{-\kappa(2n-1)^2 \pi^2 t / 4l^2}$$

or in dimensionless form

$$T = T_a - \frac{q_b l}{\lambda}X + 2\sum_{n=1}^{\infty} \{\int_0^1 [T_i(X) - (T_a - \frac{q_b l}{\lambda}X)] sin(n - \frac{1}{2})\pi X dX\}$$
$$\times sin(n - \frac{1}{2})\pi X e^{-(2n-1)^2 \pi^2 F / 4} \tag{3.53}$$

[Prove Eq. (3.54)]
Since the heat transfer coefficients on both boundary surfaces are the same, we put

$$B_{ia} = B_{ib} \equiv B_i \tag{p}$$

Substitution of Eq. (p) into Eq. (3.48) gives Eq. (3.54)

[Solution 3.4]

Since equation (3.51) is derived by separation of variables in Problem 3.3, we consider the zero initial temperature only. Taking consideration of zero initial temperature, Eq.

(3.51) reduces to the form

$$T = T_a + (T_b - T_a)\frac{x}{l} - \frac{2}{l}\sum_{n=1}^{\infty}\{\int_0^l [T_a + (T_b - T_a)\frac{x}{l}]\sin n\pi\frac{x}{l}dx\}\sin n\pi\frac{x}{l}e^{-\kappa n^2\pi^2 t/l^2} \quad (a)$$

We calculate the integral:

$$\int_0^l [T_a + (T_b - T_a)\frac{x}{l}]\sin n\pi\frac{x}{l}dx$$

$$= [-T_a\frac{l}{n\pi}\cos n\pi\frac{x}{l} - \frac{T_b - T_a}{l}\frac{l}{n\pi}(x\cos n\pi\frac{x}{l} - \frac{l}{n\pi}\sin n\pi\frac{x}{l})]_0^l$$

$$= -T_a\frac{l}{n\pi}[(-1)^n - 1] - (T_b - T_a)\frac{l}{n\pi}(-1)^n = T_a\frac{l}{n\pi} - T_b\frac{l}{n\pi}(-1)^n \quad (b)$$

The temperature becomes

$$T = T_a + (T_b - T_a)\frac{x}{l} + \frac{2}{\pi}\sum_{n=1}^{\infty}\frac{1}{n}[(-1)^n T_b - T_a]\sin n\pi\frac{x}{l}e^{-\kappa n^2\pi^2 t/l^2} \quad \text{(Answer)}$$

[Solution 3.5]
The complementary solution of Eq. (u) in Subsection 3.3.4 is

$$\overline{T}_c = Ae^{qx} + Be^{-qx} \quad (a)$$

The particular solution may be expressed by Eq. (a) with unknown coefficients A and B as functions of the variable x.

$$\overline{T}_p = A(x)e^{qx} + B(x)e^{-qx} \quad (b)$$

Differentiation of Eq. (b) with respect to x gives

$$\frac{d\overline{T}_p}{dx} = \frac{dA(x)}{dx}e^{qx} + \frac{dB(x)}{dx}e^{-qx} + qA(x)e^{qx} - qB(x)e^{-qx} \quad (c)$$

We assume

$$\frac{dA(x)}{dx}e^{qx} + \frac{dB(x)}{dx}e^{-qx} = 0 \quad (d)$$

Differentiation of Eq. (c) reduces to

$$\frac{d^2\overline{T}_p}{dx^2} = q\frac{dA(x)}{dx}e^{qx} - q\frac{dB(x)}{dx}e^{-qx} + q^2A(x)e^{qx} + q^2B(x)e^{-qx} \quad (e)$$

Substitution of Eq. (e) into Eq. (u) in Subsection 3.3.4 gives

$$q\frac{dA(x)}{dx}e^{qx} - q\frac{dB(x)}{dx}e^{-qx} = -\frac{1}{\kappa}T_i(x) \quad (f)$$

From Eqs. (d) and (f), we have

$$\frac{dA(x)}{dx} = -\frac{1}{2\kappa q}T_i(x)e^{-qx}, \quad \frac{dB(x)}{dx} = \frac{1}{2\kappa q}T_i(x)e^{qx} \qquad (g)$$

From Eq. (g), we obtain

$$A(x) = A - \frac{1}{2\kappa q}\int_0^x T_i(\eta)e^{-q\eta}d\eta, \quad B(x) = B + \frac{1}{2\kappa q}\int_0^x T_i(\eta)e^{q\eta}d\eta \qquad (h)$$

Substitution of Eq. (h) into Eq. (b) leads to

$$\bar{T}_p = Ae^{qx} + Be^{-qx} - \frac{1}{2\kappa q}\int_0^x T_i(\eta)(e^{q(x-\eta)} - e^{-q(x-\eta)})d\eta \qquad (i)$$

Then, we have
$$\bar{T} = \bar{T}_c + \bar{T}_p$$

$$= Ae^{qx} + Be^{-qx} - \frac{1}{2\kappa q}\int_0^x T_i(\eta)(e^{q(x-\eta)} - e^{-q(x-\eta)})d\eta$$

$$= Ae^{qx} + Be^{-qx} - \frac{1}{\kappa q}\int_0^x T_i(\eta)\sinh q(x-\eta)d\eta \qquad \text{(Answer)}$$

[Solution 3.6]
The temperature of each layer is

$$T_i = A_i + B_i \ln r \quad (i=1,2) \qquad (a)$$

The boundary conditions at each boundary are

$$\lambda_1 \frac{dT_1}{dr} = h_a(T_1 - T_a) \qquad \text{on } r=a$$

$$T_1 = T_2, \quad \lambda_1 \frac{dT_1}{dr} = \lambda_2 \frac{dT_2}{dr} \qquad \text{on } r=c$$

$$-\lambda_2 \frac{dT_2}{dr} = h_b(T_2 - T_b) \qquad \text{on } r=b \qquad (b)$$

We get from Eqs. (a) and (b)

$$A_1 = T_a - \frac{T_b - T_a}{D}bh_b\lambda_2(ah_a \ln a - \lambda_1), \quad B_1 = \frac{T_b - T_a}{D}abh_ah_b\lambda_2$$

$$A_2 = T_a + \frac{T_b - T_a}{D}bh_b(ah_a\lambda_2 \ln\frac{c}{a} - ah_a\lambda_1 \ln c + \lambda_1\lambda_2), \quad B_2 = \frac{T_b - T_a}{D}abh_ah_b\lambda_1$$

where

$$D = \lambda_1\lambda_2(ah_a + bh_b) + abh_ah_b(\lambda_1 \ln\frac{b}{c} + \lambda_2 \ln\frac{c}{a})$$

Then, the temperature of each layer is

$$T_1 = T_a + \frac{T_b - T_a}{D} bh_b\lambda_2(ah_a \ln\frac{r}{a} + \lambda_1)$$

$$T_2 = T_a + \frac{T_b - T_a}{D} bh_b\lambda_2\{ah_a(\ln\frac{c}{a} + \frac{\lambda_1}{\lambda_2}\ln\frac{r}{c}) + \lambda_1\} \quad \text{(Answer)}$$

[Solution 3.7]

The temperature may be expressed as

$$T = A_0 + \sum_{n=1}^{\infty} A_n J_0(s_n r) e^{-\kappa s_n^2 t} \quad (a)$$

The boundary condition and the initial condition are

$$-\lambda \frac{\partial T}{\partial r} = h_a(T - T_a) \quad \text{on} \quad r = a \quad (b)$$

$$T = T_i(r) \quad \text{at} \quad t = 0 \quad (c)$$

Substitution of Eq. (a) into Eq. (b) gives

$$h_a(A_0 - T_a) + \sum_{n=1}^{\infty} A_n[h_a J_0(s_n a) - \lambda s_n J_1(s_n a)]e^{-\kappa s_n^2 t} = 0 \quad (d)$$

If $A_0 = T_a$ and s_n are the roots of the equation:

$$h_a J_0(s_n a) - \lambda s_n J_1(s_n a) = 0 \quad (e)$$

equation (d) is satisfied. The temperature is

$$T = T_a + \sum_{n=1}^{\infty} A_n J_0(s_n r) e^{-\kappa s_n^2 t} \quad (f)$$

For $t=0$, using Eq. (c), Eq. (f) yields

$$\sum_{n=1}^{\infty} A_n J_0(s_n r) = T_i(r) - T_a \quad (g)$$

Multiplying both sides of Eq. (g) by $rJ_0(s_m r)$, integrating from 0 to a, we find

$$A_n = \frac{2\lambda^2 s_m^2}{a^2(\lambda^2 s_m^2 + h_a^2)J_0^2(s_m a)} \int_0^a [T_i(r) - T_a]J_0(s_m r)rdr \quad (h)$$

because of

$$\int_0^a J_0(s_m r)J_0(s_n r)r\,dr = \frac{a}{s_m^2 - s_n^2}[s_m J_1(s_m a)J_0(s_n a) - s_n J_1(s_n a)J_0(s_m a)]$$

$$= \frac{a}{\lambda(s_m^2 - s_n^2)}[h_a J_0(s_m a)J_0(s_n a) - h_a J_0(s_n a)J_0(s_m a)] = 0$$

$$\int_0^a J_0^2(s_m r)r\,dr = \frac{a^2}{2}[J_0^2(s_m a) + J_1^2(s_m a)] = \frac{a^2}{2\lambda^2 s_m^2}(\lambda^2 s_m^2 + h_a^2)J_0^2(s_m a)$$

The temperature is

$$T(r,t) = T_a - \frac{2}{a^2}\sum_{n=1}^{\infty}\frac{\lambda^2 s_n^2 J_0(s_n r)}{(\lambda^2 s_n^2 + h_a^2)J_0^2(s_n a)}\int_0^a [T_a - T_i(r)]J_0(s_n r)r\,dr\, e^{-\kappa s_n^2 t} \quad \text{(Answer)}$$

[Solution 3.8] Derive Eq. (3.97)
The temperature can be expressed as

$$T = A_0 + B_0 \ln r + \sum_{n=1}^{\infty}[A_n J_0(s_n r) + B_n Y_0(s_n r)]e^{-\kappa s_n^2 t} \quad \text{(a)}$$

The boundary conditions and the initial condition are
$$T = T_a \quad \text{on} \quad r = a, \qquad T = T_b \quad \text{on} \quad r = b \quad \text{(b)}$$
$$T = T_i(r) \qquad \text{at} \quad t = 0 \quad \text{(c)}$$

Substitution of Eq. (a) into Eq. (b) gives

$$A_0 + B_0 \ln a - T_a + \sum_{n=1}^{\infty}[A_n J_0(s_n a) + B_n Y_0(s_n a)]e^{-\kappa s_n^2 t} = 0$$
$$A_0 + B_0 \ln b - T_b + \sum_{n=1}^{\infty}[A_n J_0(s_n b) + B_n Y_0(s_n b)]e^{-\kappa s_n^2 t} = 0 \quad \text{(d)}$$

Eq. (d) must be satisfied at any time t so that we get

$$A_0 + B_0 \ln a - T_a = 0$$
$$A_0 + B_0 \ln b - T_b = 0 \quad \text{(e)}$$

and

$$A_n J_0(s_n a) + B_n Y_0(s_n a) = 0$$
$$A_n J_0(s_n b) + B_n Y_0(s_n b) = 0 \quad \text{(f)}$$

Eq. (e) gives

$$A_0 = T_a - (T_b - T_a)\ln a / \ln(b/a), \quad B_0 = (T_b - T_a)/\ln(b/a) \quad \text{(g)}$$

Eq. (f) should have nontrivial solution so that s_n are the roots of the equation

$$f_0(s_n, b) = J_0(s_n b)Y_0(s_n a) - J_0(s_n a)Y_0(s_n b) = 0 \quad \text{(h)}$$

where

$$f_i(s_n,r) = J_i(s_n r)Y_0(s_n a) - J_0(s_n a)Y_i(s_n r) \tag{i}$$

The temperature is

$$T = A_0 + B_0 \ln r + \sum_{n=1}^{\infty}[A_n J_0(s_n r) - A_n \frac{J_0(s_n a)}{Y_0(s_n a)}Y_0(s_n r)]e^{-\kappa s_n^2 t}$$

$$= A_0 + B_0 \ln r + \sum_{n=1}^{\infty} \frac{A_n}{Y_0(s_n a)} f_0(s_n,r) e^{-\kappa s_n^2 t}$$

Rewriting $A_n/Y_0(s_n a)$ as A_n, we have

$$T = A_0 + B_0 \ln r + \sum_{n=1}^{\infty} A_n f_0(s_n,r) e^{-\kappa s_n^2 t} \tag{j}$$

For $t=0$, using Eq. (c), Eq. (j) yields

$$\sum_{n=1}^{\infty} A_n f_0(s_n,r) = T_i(r) - (A_0 + B_0 \ln r) \tag{k}$$

First, we calculate $f_1(s_n,a)$ and $f_1(s_n,b)$:

$$f_1(s_n,a) = \frac{2}{\pi s_n a}$$

$$f_1(s_n,b) = J_1(s_n b)Y_0(s_n a) - J_0(s_n a)Y_1(s_n b)$$

$$= J_1(s_n b)\frac{J_0(s_n a)Y_0(s_n b)}{J_0(s_n b)} - J_0(s_n a)Y_1(s_n b)$$

$$= \frac{J_0(s_n a)}{J_0(s_n b)}[J_1(s_n b)Y_0(s_n b) - J_0(s_n b)Y_1(s_n b)] = \frac{2}{\pi s_n b}\frac{J_0(s_n a)}{J_0(s_n b)} \tag{l}$$

because, from Eq. (B.12) in Appendix B:

$$J_{n+1}(z)Y_n(z) - J_n(z)Y_{n+1}(z) = \frac{2}{\pi z} \tag{m}$$

Next, we calculate the following integrals:

$$\int_a^b f_0(s_m,r)f_0(s_n,r) r dr = \frac{b}{s_m^2 - s_n^2}[s_m f_1(s_m,b)f_0(s_n,b) - s_n f_1(s_n,b)f_0(s_m,b)]$$

$$- \frac{a}{s_m^2 - s_n^2}[s_m f_1(s_m,a)f_0(s_n,a) - s_n f_1(s_n,a)f_0(s_m,a)] = 0$$

$$\int_a^b f_0^2(s_m,r) r dr = \frac{b^2}{2}[f_0^2(s_m b) + f_1^2(s_m b)] - \frac{a^2}{2}[f_0^2(s_m a) + f_1^2(s_m a)] \tag{n}$$

$$= \frac{b^2}{2} f_1^2(s_m b) - \frac{a^2}{2} f_1^2(s_m a)$$

Eq. (n) reduces to

$$\int_a^b f_0^2(s_m,r)rdr = \frac{2}{\pi^2 s_m^2}\left[\frac{J_0^2(s_m a)}{J_0^2(s_m b)} - 1\right] = \frac{2[J_0^2(s_m a) - J_0^2(s_m b)]}{\pi^2 s_m^2 J_0^2(s_m b)} \quad (o)$$

Multiplying both sides of Eq. (k) by $rf_0(s_m,r)$, integrating from a to b, we find

$$A_m = \frac{\pi^2 s_m^2 J_0^2(s_m b)}{2[J_0^2(s_m a) - J_0^2(s_m b)]} \int_a^b [T_i(r) - (A_0 + B_0 \ln r)] f_0(s_m,r) rdr \quad (p)$$

We calculate the following integral:

$$\int_a^b (A_0 + B_0 \ln r) f_0(s_m,r) rdr = \left[(A_0 + B_0 \ln r)\frac{r}{s_m} f_1(s_m,r) - \int \frac{B_0}{s_m} f_1(s_m,r) dr\right]_a^b$$

$$= \left[(A_0 + B_0 \ln r)\frac{r}{s_m} f_1(s_m,r) + \frac{B_0}{s_m^2} f_0(s_m,r)\right]_a^b$$

$$= \left[(A_0 + B_0 \ln b)\frac{b}{s_m} f_1(s_m,b) + \frac{B_0}{s_m^2} f_0(s_m,b)\right]$$

$$- \left[(A_0 + B_0 \ln a)\frac{a}{s_m} f_1(s_m,a) + \frac{B_0}{s_m^2} f_0(s_m,a)\right]$$

$$= (A_0 + B_0 \ln b)\frac{2}{\pi s_m^2} \frac{J_0(s_m a)}{J_0(s_m b)} - (A_0 + B_0 \ln a)\frac{2}{\pi s_m^2}$$

$$= \frac{2}{\pi s_m^2 J_0(s_m b)}\{A_0[J_0(s_m a) - J_0(s_m b)] + B_0[\ln b J_0(s_m a) - \ln a J_0(s_m b)]\}$$

$$= \frac{2}{\pi s_m^2 J_0(s_m b)}\left\{\left[T_a - (T_b - T_a)\frac{\ln a}{\ln(b/a)}\right][J_0(s_m a) - J_0(s_m b)]\right.$$

$$\left. + \frac{T_b - T_a}{\ln(b/a)}[\ln b J_0(s_m a) - \ln a J_0(s_m b)]\right\}$$

$$= \frac{2}{\pi s_m^2 J_0(s_m b)}\{T_a[J_0(s_m a) - J_0(s_m b)] + (T_b - T_a)J_0(s_m a)\}$$

$$= -\frac{2}{\pi s_m^2 J_0(s_m b)}[T_a J_0(s_m b) - T_b J_0(s_m a)]$$

We get

$$A_m = \frac{\pi^2 s_m^2 J_0^2(s_m b)}{2[J_0^2(s_m a) - J_0^2(s_m b)]} \int_a^b T_i(r) f_0(s_m,r) rdr$$

$$+ \frac{\pi J_0(s_m b)}{J_0^2(s_m a) - J_0^2(s_m b)}[T_a J_0(s_m b) - T_b J_0(s_m a)] \quad (q)$$

The temperature is expressed as

$$T = T_a + (T_b - T_a)\frac{\ln(r/a)}{\ln(b/a)}$$

$$+ \pi \sum_{n=1}^{\infty} \frac{J_0(s_n b)}{J_0^2(s_n a) - J_0^2(s_n b)} [T_a J_0(s_n b) - T_b J_0(s_n a)] f_0(s_n, r) e^{-\kappa s_n^2 t} \quad (r)$$

$$+ \frac{\pi^2}{2} \sum_{n=1}^{\infty} \frac{s_n^2 J_0^2(s_n b) f_0(s_n, r)}{J_0^2(s_n a) - J_0^2(s_n b)} \int_a^b T_i(\eta) f_0(s_n, \eta) \eta d\eta \, e^{-\kappa s_n^2 t}$$

Rewriting $f_0(s_m, r)$ as $f(s_m, r)$, we get

$$T = T_a + (T_b - T_a)\frac{\ln(r/a)}{\ln(b/a)}$$

$$- \pi \sum_{n=1}^{\infty} \frac{J_0(s_n b)}{J_0^2(s_n b) - J_0^2(s_n a)} [T_a J_0(s_n b) - T_b J_0(s_n a)] f(s_n, r) e^{-\kappa s_n^2 t} \quad \text{(Answer)}$$

$$- \frac{\pi^2}{2} \sum_{n=1}^{\infty} \frac{s_n^2 J_0^2(s_n b) f(s_n, r)}{J_0^2(s_n b) - J_0^2(s_n a)} \int_a^b T_i(\eta) f(s_n, \eta) \eta d\eta \, e^{-\kappa s_n^2 t}$$

[Solution 3.8] Derive Eq. (3.98)

The temperature may be expressed as

$$T = A_0 + B_0 \ln r + \sum_{n=1}^{\infty} [A_n J_0(s_n r) + B_n Y_0(s_n r)] e^{-\kappa s_n^2 t} \quad (a)$$

The boundary condition is

$$T = T_a \quad \text{on} \quad r=a, \qquad -\lambda \frac{\partial T}{\partial r} = h_b(T - T_b) \quad \text{on} \quad r=b \quad (b)$$

The initial condition is

$$T = T_i(r) \qquad \text{at} \quad t=0 \quad (c)$$

Substitution of Eq. (a) into Eq. (b) gives

$$A_0 + B_0 \ln a - T_a + \sum_{n=1}^{\infty} [A_n J_0(s_n a) + B_n Y_0(s_n a)] e^{-\kappa s_n^2 t} = 0$$

$$b h_b A_0 + B_0 (b h_b \ln b + \lambda) - b h_b T_b + \sum_{n=1}^{\infty} \{A_n [b h_b J_0(s_n b) - \lambda s_n b J_1(s_n b)] \quad (d)$$

$$+ B_n [b h_b Y_0(s_n b) - \lambda s_n b Y_1(s_n b)]\} e^{-\kappa s_n^2 t} = 0$$

Eq. (d) gives

$$A_0 = T_a - (T_b - T_a)\frac{\ln a}{\ln \frac{b}{a} + \frac{\lambda}{b h_b}}, \qquad B_0 = \frac{T_b - T_a}{\ln \frac{b}{a} + \frac{\lambda}{b h_b}} \quad (e)$$

30

and s_n are the roots of the equation

$$h_b f_0(s_n,b) - \lambda s_n f_1(s_n,b) = 0 \tag{f}$$

where

$$f_i(s_n,r) = J_i(s_n r)Y_0(s_n a) - J_0(s_n a)Y_i(s_n r) \tag{g}$$

Eq. (q) may be rewritten as

$$\frac{J_0(s_n a)}{h_b J_0(s_n b) - \lambda s_n J_1(s_n b)} = \frac{Y_0(s_n a)}{h_b Y_0(s_n b) - \lambda s_n Y_1(s_n b)} \equiv G_n \tag{h}$$

The temperature is

$$T = A_0 + B_0 \ln r + \sum_{n=1}^{\infty} A_n f_0(s_n,r) e^{-\kappa s_n^2 t} \tag{i}$$

where $A_n/Y_0(s_n a)$ is rewritten as A_n. Eq. (h) reduces to from the initial condition (c)

$$\sum_{n=1}^{\infty} A_n f_0(s_n,r) = T_i(r) - (A_0 + B_0 \ln r) \tag{j}$$

First, we calculate the following integrals:

$$\int_a^b f_0(s_m,r) f_0(s_n,r) r \, dr = \frac{b}{s_m^2 - s_n^2}[s_m f_1(s_m,b) f_0(s_n,b) - s_n f_1(s_n,b) f_0(s_m,b)]$$

$$- \frac{a}{s_m^2 - s_n^2}[s_m f_1(s_m,a) f_0(s_n,a) - s_n f_1(s_n,a) f_0(s_m,a)]$$

$$= \frac{b}{s_m^2 - s_n^2}[\frac{h_b}{\lambda s_m} s_m f_0(s_m,b) f_0(s_n,b) - \frac{h_b}{\lambda s_n} s_n f_0(s_n,b) f_0(s_m,b)] = 0$$

$$\int_a^b f_0^2(s_m,r) r \, dr = \frac{b^2}{2}[f_0^2(s_m b) + f_1^2(s_m b)] - \frac{a^2}{2}[f_0^2(s_m a) + f_1^2(s_m a)]$$

$$= \frac{b^2}{2} \frac{h_b^2 + \lambda^2 s_m^2}{h_b^2} f_1^2(s_m b) - \frac{a^2}{2} f_1^2(s_m a) \tag{k}$$

We have used the following relations when the above equations were evaluated. $f_1(s_n,a)$ is

$$f_1(s_n,a) = \frac{2}{\pi s_n a} \tag{l}$$

because from Eq. (B.12) in Appendix B:

$$J_{n+1}(z)Y_n(z) - J_n(z)Y_{n+1}(z) = \frac{2}{\pi z} \tag{m}$$

$f_1(s_n,b)$ is

$$f_1(s_n,b) = J_1(s_n b)Y_0(s_n a) - J_0(s_n a)Y_1(s_n b)$$

$$= J_1(s_n b)\frac{[h_b Y_0(s_n b) - \lambda s_n Y_1(s_n b)]J_0(s_n a)}{h_b J_0(s_n b) - \lambda s_n J_1(s_n b)} - J_0(s_n a)Y_1(s_n b)$$

$$= \frac{J_0(s_n a)}{h_b J_0(s_n b) - \lambda s_n J_1(s_n b)}\{[h_b J_1(s_n b)Y_0(s_n b) - \lambda s_n J_1(s_n b)Y_1(s_n b)]$$

$$- [h_b J_0(s_n b) - \lambda s_n J_1(s_n b)]Y_1(s_n b)\}$$

$$= h_b J_0(s_n a)\frac{J_1(s_n b)Y_0(s_n b) - J_0(s_n b)Y_1(s_n b)}{h_b J_0(s_n b) - \lambda s_n J_1(s_n b)} = \frac{2h_b}{\pi s_n b}G_n \qquad (l')$$

Equation (k) reduces to

$$\int_a^b f_0^2(s_m,r)r\,dr = \frac{2}{\pi^2 s_m^2}[\frac{h_b^2 + \lambda^2 s_m^2}{h_b^2}h_b^2 G_m^2 - 1] = \frac{2}{\pi^2 s_m^2}[(h_b^2 + \lambda^2 s_m^2)G_m^2 - 1] \quad (n)$$

Multiplying both sides of Eq. (i) by $rf_0(s_m,r)$, integrating from a to b, we find

$$A_m = \frac{\pi^2 s_m^2}{2[(h_b^2 + \lambda^2 s_m^2)G_m^2 - 1]}\int_a^b [T_i(r) - (A_0 + B_0 \ln r)]f_0(s_m,r)\,dr \qquad (o)$$

We calculate the following integral:

$$\int_a^b (A_0 + B_0 \ln r)f_0(s_m,r)r\,dr = [(A_0 + B_0 \ln r)\frac{r}{s_m}f_1(s_m,r) - \int \frac{B_0}{s_m}f_1(s_m,r)\,dr]_a^b$$

$$= [(A_0 + B_0 \ln r)\frac{r}{s_m}f_1(s_m,r) + \frac{B_0}{s_m^2}f_0(s_m,r)]_a^b$$

$$= [(A_0 + B_0 \ln b)\frac{b}{s_m}f_1(s_m,b) + \frac{B_0}{s_m^2}f_0(s_m,b)]$$

$$- [(A_0 + B_0 \ln a)\frac{a}{s_m}f_1(s_m,a) + \frac{B_0}{s_m^2}f_0(s_m,a)]$$

$$= [(A_0 + B_0 \ln b)\frac{b}{s_m}f_1(s_m,b) + \frac{B_0}{s_m^2}\frac{\lambda s_m}{h_b}f_1(s_m,b)] - (A_0 + B_0 \ln a)\frac{a}{s_m}f_1(s_m,a)$$

$$= \frac{1}{s_m}\{[bA_0 + B_0(b\ln b + \frac{\lambda}{h_b})]\frac{2h_b G_m}{\pi s_m b} - (aA_0 + B_0 a\ln a)\frac{2}{\pi s_m a}\}$$

$$= \frac{2}{\pi s_m^2}\{[A_0 + B_0(\ln b + \frac{\lambda}{bh_b})]h_b G_m - (A_0 + B_0 \ln a)\}$$

$$= \frac{2}{\pi s_m^2}\{(h_b G_m - 1)A_0 + B_0[(\ln b + \frac{\lambda}{bh_b})h_b G_m - \ln a]\}$$

$$= \frac{2}{\pi s_m^2}(h_b G_m - 1)T_a + \frac{2}{\pi s_m^2}\frac{T_b - T_a}{\ln\frac{b}{a} + \frac{\lambda}{bh_b}}\{-(h_b G_m - 1)\ln a + (\ln b + \frac{\lambda}{bh_b})h_b G_m - \ln a\}$$

$$= \frac{2}{\pi s_m^2}(h_b G_m - 1)T_a + \frac{2}{\pi s_m^2}\frac{T_b - T_a}{\ln\frac{b}{a} + \frac{\lambda}{bh_b}} h_b G_m (\ln\frac{b}{a} + \frac{\lambda}{bh_b}) = -\frac{2}{\pi s_m^2}(T_a - T_b h_b G_m) \quad \text{(p)}$$

We get A_m:

$$A_m = \frac{\pi^2 s_m^2}{2[(h_b^2 + \lambda^2 s_m^2)G_m^2 - 1]} \int_a^b T_i(r) f_0(s_m, r) r dr + \frac{\pi(T_a - T_b G_m h_b)}{(h_b^2 + \lambda^2 s_m^2)G_m^2 - 1} \quad \text{(q)}$$

The temperature is expressed as

$$T = T_a + (T_b - T_a)\frac{\ln(r/a)}{\ln(b/a) + \lambda/(h_b b)}$$
$$+ \pi \sum_{n=1}^{\infty} \frac{T_a - T_b G_m h_b}{(h_b^2 + \lambda^2 s_m^2)G_m^2 - 1} f_0(s_n, r) e^{-\kappa s_n^2 t} \quad \text{(r)}$$
$$+ \frac{\pi^2}{2}\sum_{n=1}^{\infty} \frac{s_n^2 f_0(s_n, r)}{(h_b^2 + \lambda^2 s_n^2)G_n^2 - 1} \int_a^b T_i(\eta) f_0(s_n, \eta) \eta d\eta \, e^{-\kappa s_n^2 t}$$

Rewriting $f_0(s_m, r)$ as $f(s_m, r)$, we get

$$T = T_a + (T_b - T_a)\frac{\ln(r/a)}{\ln(b/a) + \lambda/(h_b b)}$$
$$- \pi \sum_{n=1}^{\infty} \frac{T_a - T_b G_m h_b}{1 - (h_b^2 + \lambda^2 s_m^2)G_m^2} f(s_n, r) e^{-\kappa s_n^2 t}$$
$$- \frac{\pi^2}{2}\sum_{n=1}^{\infty} \frac{s_n^2 f(s_n, r)}{1 - (h_b^2 + \lambda^2 s_n^2)G_n^2} \int_a^b T_i(\eta) f(s_n, \eta) \eta d\eta \, e^{-\kappa s_n^2 t} \quad \text{(Answer)}$$

[Solution 3.8] Derive Eq. (3.99).
The difference between the temperature (3.96) and the temperature (3.99) lies in the boundary condition on $r=b$. The boundary condition on $r=b$ of the temperature (3.96) is

$$T = T_b - \frac{\lambda}{h_b}\frac{\partial T}{\partial r} \quad \text{(a)}$$

The boundary condition on $r=b$ of the temperature (3.99) is

$$T = T_b \quad \text{(b)}$$

Putting $h_b \to \infty$, Eq. (a) reduces to Eq. (b). Therefore, we can obtain the temperature (3.99) from the temperature (3.96) after putting $h_b \to \infty$ in Eq. (3.96).

[Solution 3.8] Derive Eq. (3.100).
The difference between the temperature (3.96) and the temperature (3.100) is the

boundary condition on *r=a*. The boundary condition on *r=a* of the temperature (3.96) is

$$\lambda \frac{\partial T}{\partial r} = h_a(T - T_a) \tag{a}$$

The boundary condition on *r=a* of the temperature (3.100) is

$$\lambda \frac{\partial T}{\partial r} = q_a \tag{b}$$

After rewriting $h_a T_a = -q_a$, and putting $h_a \to 0$, Eq. (a) reduces to Eq. (b). Therefore, we can obtain the temperature (3.100) from the temperature (3.96) after rewriting $h_a T_a = -q_a$, and putting $h_a \to 0$ in Eq. (3.96).

[Solution 3.8] Derive Eq. (3.101).
The difference between the temperature (3.96) and the temperature (3.101) is the boundary condition on *r=b*. The boundary condition on *r=b* of the temperature (3.96) is

$$-\lambda \frac{\partial T}{\partial r} = h_b(T - T_b) \tag{a}$$

The boundary condition on *r=b* of the temperature (3.101) is

$$-\lambda \frac{\partial T}{\partial r} = q_b \tag{b}$$

After rewriting $h_b T_b = -q_b$, and putting $h_b \to 0$, Eq. (a) reduces to Eq. (b). Therefore, we can obtain the temperature (3.101) from the temperature (3.96) after rewriting $h_b T_b = -q_b$, and putting $h_b \to 0$ in Eq. (3.96).

[Solution 3.9]
The temperature may be expressed as

$$T = A_0 + B_0 \ln r + \sum_{n=1}^{\infty} [A_n J_0(s_n r) + B_n Y_0(s_n r)] e^{-\kappa s_n^2 t} \tag{a}$$

The boundary conditions and the initial condition are

$$\lambda \frac{\partial T}{\partial r} = h_a(T - T_a) \quad \text{on} \quad r=a, \qquad -\lambda \frac{\partial T}{\partial r} = h_b(T - T_b) \quad \text{on} \quad r=b \tag{b}$$

$$T = T_i(r) \qquad \text{at} \quad t=0 \tag{c}$$

Substitution of Eq. (a) into Eq. (b) gives

$$ah_a A_0 + B_0(ah_a \ln a - \lambda) - ah_a T_a + \sum_{n=1}^{\infty} \{A_n[ah_a J_0(s_n a) + \lambda s_n a J_1(s_n a)]$$
$$+ B_n[ah_a Y_0(s_n a) + \lambda s_n a Y_1(s_n a)]\}e^{-\kappa s_n^2 t} = 0 \tag{d}$$

$$bh_b A_0 + B_0(bh_b \ln b + \lambda) - bh_b T_b + \sum_{n=1}^{\infty} \{A_n[bh_b J_0(s_n b) - \lambda s_n b J_1(s_n b)]$$
$$+ B_n[bh_b Y_0(s_n b) - \lambda s_n b Y_1(s_n b)]\}e^{-\kappa s_n^2 t} = 0$$

Equation (d) gives

$$A_0 = T_a - (T_b - T_a)\frac{\ln a - \dfrac{\lambda}{ah_a}}{\ln\dfrac{b}{a} + \dfrac{\lambda}{ah_a} + \dfrac{\lambda}{bh_b}}, \quad B_0 = \frac{T_b - T_a}{\ln\dfrac{b}{a} + \dfrac{\lambda}{ah_a} + \dfrac{\lambda}{bh_b}} \tag{e}$$

and s_n are the roots of the equation

$$[h_a J_0(s_n a) + \lambda s_n J_1(s_n a)][h_b Y_0(s_n b) - \lambda s_n Y_1(s_n b)]$$
$$- [h_b J_0(s_n b) - \lambda s_n J_1(s_n b)][h_a Y_0(s_n a) + \lambda s_n Y_1(s_n a)] = 0 \tag{f}$$

We put

$$G_n = \frac{h_a J_0(s_n a) + \lambda s_n J_1(s_n a)}{h_b J_0(s_n b) - \lambda s_n J_1(s_n b)} = \frac{h_a Y_0(s_n a) + \lambda s_n Y_1(s_n a)}{h_b Y_0(s_n b) - \lambda s_n Y_1(s_n b)} \tag{g}$$

Equation (f) reduces to

$$h_b f_0(s_n, b) - \lambda s_n f_1(s_n, b) = 0 \tag{f'}$$

where

$$f_i(s_n, r) = J_i(s_n r)[h_a Y_0(s_n a) + \lambda s_n Y_1(s_n a)] - Y_i(s_n r)[h_a J_0(s_n a) + \lambda s_n J_1(s_n a)] \tag{h}$$

The temperature is

$$T = A_0 + B_0 \ln r + \sum_{n=1}^{\infty} A_n f_0(s_n, r) e^{-\kappa s_n^2 t} \tag{i}$$

where $A_n / [ah_a Y_0(s_n a) + \lambda s_n Y_1(s_n a)]$ is rewritten as A_n. Equation (i) reduces to from the initial condition (c)

$$\sum_{n=1}^{\infty} A_n f_0(s_n, r) = T_i(r) - (A_0 + B_0 \ln r) \tag{j}$$

First, we calculate the following integrals:

$$\int_a^b f_0(s_m, r) f_0(s_n, r) r\, dr = \frac{b}{s_m^2 - s_n^2}[s_m f_1(s_m, b) f_0(s_n, b) - s_n f_1(s_n, b) f_0(s_m, b)]$$
$$- \frac{a}{s_m^2 - s_n^2}[s_m f_1(s_m, a) f_0(s_n, a) - s_n f_1(s_n, a) f_0(s_m, a)]$$

$$= \frac{b}{s_m^2 - s_n^2}[\frac{h_b}{\lambda s_m}s_m f_0(s_m,b)f_0(s_n,b) - \frac{h_b}{\lambda s_n}s_n f_0(s_n,b)f_0(s_m,b)]$$

$$-\frac{a}{s_m^2 - s_n^2}[s_m \frac{2h_a}{\pi s_m a}(-\frac{2\lambda}{\pi a}) - s_n \frac{2h_a}{\pi s_n a}(-\frac{2\lambda}{\pi a})] = 0$$

$$\int_a^b f_0^2(s_m, r)r\,dr = \frac{b^2}{2}[f_0^2(s_m b) + f_1^2(s_m b)] - \frac{a^2}{2}[f_0^2(s_m a) + f_1^2(s_m a)]$$

$$= \frac{b^2}{2}\frac{h_b^2 + \lambda^2 s_m^2}{h_b^2} f_1^2(s_m b) - \frac{a^2}{2}[f_0^2(s_m a) + f_1^2(s_m a)]$$

(k)

We have used the following relations for the derivation of the above relations. By use of Eq. (B.12) in Appendix B

$$J_{n+1}(z)Y_n(z) - J_n(z)Y_{n+1}(z) = \frac{2}{\pi z}$$

(l)

we get

$$f_0(s_n, a) = -\lambda s_n \frac{2}{\pi a s_n} = -\frac{2\lambda}{\pi a}, \quad f_1(s_n, a) = \frac{2h_a}{\pi s_n a}$$

(m)

$$f_0(s_n, b) = J_0(s_n b)[h_a Y_0(s_n a) + \lambda s_n Y_1(s_n a)] - Y_0(s_n b)[h_a J_0(s_n a) + \lambda s_n J_1(s_n a)]$$

$$= J_0(s_n b)G_n[h_b Y_0(s_n b) - \lambda s_n Y_1(s_n b)] - Y_0(s_n b)G_n[h_b J_0(s_n b) - \lambda s_n J_1(s_n b)]$$

$$= G_n \lambda s_n[J_1(s_n b)Y_0(s_n b) - Y_1(s_n b)J_0(s_n b)] = G_n \lambda s_n \frac{2}{\pi s_n b} = G_n \frac{2\lambda}{\pi b}$$

$$f_1(s_n, b) = J_1(s_n b)[h_a Y_0(s_n a) + \lambda s_n Y_1(s_n a)] - Y_1(s_n b)[h_a J_0(s_n a) + \lambda s_n J_1(s_n a)]$$

$$= J_1(s_n b)G_n[h_b Y_0(s_n b) - \lambda s_n Y_1(s_n b)] - Y_1(s_n b)G_n[h_b J_0(s_n b) - \lambda s_n J_1(s_n b)]$$

$$= G_n h_b[J_1(s_n b)Y_0(s_n b) - Y_1(s_n b)J_0(s_n b)] = G_n \frac{2h_b}{\pi s_n b}$$

(m')

Equation (k) reduces to

$$\int_a^b f_0^2(s_m, r)r\,dr = \frac{b^2}{2}\frac{h_b^2 + \lambda^2 s_m^2}{h_b^2} f_1^2(s_m b) - \frac{a^2}{2}[f_0^2(s_m a) + f_1^2(s_m a)]$$

$$= \frac{b^2}{2}\frac{h_b^2 + \lambda^2 s_m^2}{h_b^2}(G_m \frac{2h_b}{\pi s_m b})^2 - \frac{a^2}{2}[(\frac{2h_a}{\pi s_m a})^2 + (-\frac{2\lambda}{\pi a})^2]$$

(n)

$$= \frac{2}{\pi^2 s_m^2}[(h_b^2 + \lambda^2 s_m^2)G_m^2 - (h_a^2 + \lambda^2 s_m^2)]$$

Multiplying both sides of Eq. (j) by $rf_0(s_m, r)$, and integrating from a to b, we find

$$A_m = \frac{\pi^2 s_m^2}{2[(h_b^2 + \lambda^2 s_m^2)G_m^2 - (h_a^2 + \lambda^2 s_m^2)]}\int_a^b [T_i(r) - (A_0 + B_0 \ln r)]f_0(s_m, r)r\,dr$$

(o)

We calculate the following integral:

$$\int_a^b (A_0 + B_0 \ln r) f_0(s_m, r) r dr = [(A_0 + B_0 \ln r)\frac{r}{s_m} f_1(s_m, r) - \int \frac{B_0}{s_m} f_1(s_m, r) dr]_a^b$$

$$= [(A_0 + B_0 \ln r)\frac{r}{s_m} f_1(s_m, r) + \frac{B_0}{s_m^2} f_0(s_m, r)]_a^b$$

$$= [(A_0 + B_0 \ln b)\frac{b}{s_m} f_1(s_m, b) + \frac{B_0}{s_m^2} f_0(s_m, b)]$$

$$- [(A_0 + B_0 \ln a)\frac{a}{s_m} f_1(s_m, a) + \frac{B_0}{s_m^2} f_0(s_m, a)]$$

$$= [(A_0 + B_0 \ln b)\frac{b}{s_m} f_1(s_m, b) + \frac{B_0}{s_m^2} \frac{\lambda s_m}{h_b} f_1(s_m, b)]$$

$$- [(A_0 + B_0 \ln a)\frac{2 h_a}{\pi s_m^2} - \frac{2 \lambda B_0}{\pi a s_m^2}]$$

$$= [A_0 + B_0(\ln b + \frac{\lambda}{b h_b})]\frac{2 h_b G_m}{\pi s_m^2} - \frac{2}{\pi s_m^2}[h_a A_0 + B_0(h_a \ln a - \frac{\lambda}{a})]$$

$$= \frac{2}{\pi s_m^2}[h_b G_m A_0 + B_0 h_b G_m (\ln b + \frac{\lambda}{b h_b}) - h_a A_0 - B_0(h_a \ln a - \frac{\lambda}{a})]$$

$$= \frac{2}{\pi s_m^2}\{(h_b G_m - h_a) A_0 + B_0[(\ln b + \frac{\lambda}{b h_b}) h_b G_m - (\ln a - \frac{\lambda}{a h_a}) h_a]\}$$

$$= \frac{2}{\pi s_m^2}(h_b G_m - h_a) T_a + \frac{2}{\pi s_m^2} \frac{T_b - T_a}{\ln \frac{b}{a} + \frac{\lambda}{a h_a} + \frac{\lambda}{b h_b}} \{-(h_b G_m - h_a)(\ln a - \frac{\lambda}{a h_a})$$

$$+ (\ln b + \frac{\lambda}{b h_b}) h_b G_m - (\ln a - \frac{\lambda}{a h_a}) h_a]\}$$

$$= \frac{2}{\pi s_m^2}(h_b G_m - h_a) T_a + \frac{2}{\pi s_m^2} \frac{T_b - T_a}{\ln \frac{b}{a} + \frac{\lambda}{a h_a} + \frac{\lambda}{b h_b}} [-(h_b G_m \ln a - h_a \ln a) + \frac{\lambda}{a h_a}(h_b G_m - h_a)$$

$$+ (\ln b h_b G_m + \frac{\lambda}{b h_b} h_b G_m) - h_a \ln a - \frac{\lambda}{a h_a} h_a]$$

$$= \frac{2}{\pi s_m^2}(h_b G_m - h_a) T_a + \frac{2}{\pi s_m^2} \frac{(T_b - T_a) h_b G_m}{\ln \frac{b}{a} + \frac{\lambda}{a h_a} + \frac{\lambda}{b h_b}} (\ln \frac{b}{a} + \frac{\lambda}{a h_a} + \frac{\lambda}{b h_b})$$

$$= \frac{2}{\pi s_m^2}(h_b G_m - h_a) T_a + \frac{2}{\pi s_m^2}(T_b - T_a) h_b G_m = \frac{2}{\pi s_m^2}(T_b h_b G_m - T_a h_a) \qquad (p)$$

We get

$$A_m = \frac{\pi^2 s_m^2}{2[(h_b^2+\lambda^2 s_m^2)G_m^2-(h_a^2+\lambda^2 s_m^2)]}\int_a^b T_i(r)f_0(s_m,r)r\,dr \qquad (q)$$
$$- \frac{\pi(T_b h_b G_m - T_a h_a)}{(h_b^2+\lambda^2 s_m^2)G_m^2-(h_a^2+\lambda^2 s_m^2)}$$

The temperature is expressed as

$$T = T_a + (T_b - T_a)\frac{\ln(r/a)+\lambda/(h_a a)}{\ln(b/a)+\lambda/(h_a a)+\lambda/(h_b b)}$$
$$-\pi\sum_{n=1}^{\infty}\frac{T_b h_b G_m - T_a h_a}{(h_b^2+\lambda^2 s_m^2)G_m^2-(h_a^2+\lambda^2 s_m^2)}f_0(s_n,r)e^{-\kappa s_n^2 t} \qquad (r)$$
$$+\frac{\pi^2}{2}\sum_{n=1}^{\infty}\frac{s_n^2 f_0(s_n,r)}{(h_b^2+\lambda^2 s_m^2)G_m^2-(h_a^2+\lambda^2 s_m^2)}\int_a^b T_i(\eta)f_0(s_n,\eta)\eta\,d\eta\, e^{-\kappa s_n^2 t}$$

Rewriting $f_0(s_m,r)$ as $f(s_m,r)$, we get

$$T = T_a + (T_b - T_a)\frac{\ln(r/a)+\lambda/(h_a a)}{\ln(b/a)+\lambda/(h_a a)+\lambda/(h_b b)}$$
$$-\pi\sum_{n=1}^{\infty}\frac{T_a h_a - T_b h_b G_m}{(h_a^2+\lambda^2 s_m^2)-(h_b^2+\lambda^2 s_m^2)G_m^2}f(s_n,r)e^{-\kappa s_n^2 t} \qquad \text{(Answer)}$$
$$-\frac{\pi^2}{2}\sum_{n=1}^{\infty}\frac{s_n^2 f(s_n,r)}{(h_a^2+\lambda^2 s_m^2)-(h_b^2+\lambda^2 s_m^2)G_m^2}\int_a^b T_i(\eta)f(s_n,\eta)\eta\,d\eta\, e^{-\kappa s_n^2 t}$$

[Solution 3.10]   Derive Eq. (3.111)

The general solution of the temperature is

$$T = A + \frac{B}{r} \qquad (a)$$

The boundary conditions are

$$T = T_a \quad \text{on} \quad r=a, \qquad T = T_b \quad \text{on} \quad r=b \qquad (b)$$

Substitution of Eq. (a) into Eq. (b) gives

$$A + \frac{B}{a} = T_a, \qquad A + \frac{B}{b} = T_b \qquad (c)$$

Equations (c) give

$$A = T_a + \frac{T_b - T_a}{1 - \frac{a}{b}}, \qquad B = -\frac{a(T_b - T_a)}{1 - \frac{a}{b}} \qquad (d)$$

The temperature becomes

$$T = T_a + (T_b - T_a)\frac{1-\dfrac{a}{r}}{1-\dfrac{a}{b}}$$ (Answer)

[Solution 3.10] Derive Eq. (3.112)
The general solution of the temperature is

$$T = A + \frac{B}{r}$$ (a)

The boundary conditions are

$$T = T_a \quad \text{on} \quad r=a, \qquad -\lambda\frac{\partial T}{\partial r} = h_b(T - T_b) \quad \text{on} \quad r=b$$ (b)

Substitution of Eq. (a) into Eqs. (b) and (c) gives

$$A + \frac{B}{a} = T_a, \quad h_b A + (bh_b - \lambda)\frac{B}{b^2} = h_b T_b$$ (c)

Equations (c) give

$$A = T_a + (T_b - T_a)\frac{1}{1-\dfrac{a}{b}+\dfrac{a}{b}\dfrac{\lambda}{bh_b}}, \quad B = -\frac{a(T_b - T_a)}{1-\dfrac{a}{b}+\dfrac{a}{b}\dfrac{\lambda}{bh_b}}$$ (d)

The temperature becomes

$$T = T_a + (T_b - T_a)\frac{1-\dfrac{a}{r}}{1-\dfrac{a}{b}+\dfrac{a}{b}\dfrac{\lambda}{bh_b}}$$ (Answer)

[Solution 3.10] Derive Eq. (3.113)
The general solution of the temperature is

$$T = A + \frac{B}{r}$$ (a)

The boundary conditions are

$$\lambda\frac{\partial T}{\partial r} = h_a(T - T_a) \quad \text{on} \quad r=a, \qquad T = T_b \quad \text{on} \quad r=b$$ (b)

Substitution of Eq. (a) into Eq. (b) gives

$$h_a A + (ah_a + \lambda)\frac{B}{a^2} = h_a T_a, \quad A + \frac{B}{b} = T_b$$ (c)

39

Equations (c) give

$$A = T_a + (T_b - T_a)\frac{1 + \dfrac{\lambda}{ah_a}}{1 - \dfrac{a}{b} + \dfrac{\lambda}{ah_a}}, \qquad B = -\frac{a(T_b - T_a)}{1 - \dfrac{a}{b} + \dfrac{\lambda}{ah_a}} \qquad \text{(d)}$$

The temperature becomes

$$T = T_a + (T_b - T_a)\frac{1 + \dfrac{\lambda}{ah_a} - \dfrac{a}{r}}{1 - \dfrac{a}{b} + \dfrac{\lambda}{ah_a}} \qquad \text{(Answer)}$$

[Solution 3.10] Derive Eq. (3.114)

The general solution of the temperature is

$$T = A + \frac{B}{r} \qquad \text{(a)}$$

The boundary conditions are

$$\lambda \frac{\partial T}{\partial r} = q_a \quad \text{on} \quad r=a, \qquad -\lambda \frac{\partial T}{\partial r} = h_b(T - T_b) \quad \text{on} \quad r=b \qquad \text{(b)}$$

Substitution of Eq. (a) into Eq. (b) gives

$$-\lambda \frac{B}{a^2} = q_a, \qquad h_b A + (bh_b - \lambda)\frac{B}{b^2} = h_b T_b \qquad \text{(c)}$$

Equations (c) give

$$B = -\frac{a^2 q_a}{\lambda}, \qquad A = T_b + (b - \frac{\lambda}{h_b})\frac{a^2 q_a}{b^2 \lambda} = T_b + \frac{aq_a}{\lambda}\frac{a}{b}(1 - \frac{\lambda}{bh_b}) \qquad \text{(d)}$$

The temperature becomes

$$T = T_b - \frac{aq_a}{\lambda}\frac{a}{b}(\frac{b}{r} - 1 + \frac{\lambda}{bh_b}) \qquad \text{(Answer)}$$

[Solution 3.10] Derive Eq. (3.115)

The general solution of the temperature is

$$T = A + \frac{B}{r} \qquad \text{(a)}$$

The boundary conditions are

$$\lambda \frac{\partial T}{\partial r} = h_a(T - T_a) \quad \text{on} \quad r=a, \qquad -\lambda \frac{\partial T}{\partial r} = qT_b \quad \text{on} \quad r=b \qquad \text{(b)}$$

40

Substitution of Eq. (a) into Eq. (b) gives

$$\lambda \frac{B}{b^2} = q_b, \quad h_a A + (ah_a + \lambda)\frac{B}{a^2} = h_a T_a \qquad (c)$$

Equations (c) give

$$B = \frac{b^2 q_b}{\lambda}, \quad A = T_a - (a + \frac{\lambda}{h_a})\frac{b^2 q_b}{a^2 \lambda} = T_a - \frac{bq_b}{\lambda}\frac{b}{a}(1 + \frac{\lambda}{ah_a}) \qquad (d)$$

The temperature becomes

$$T = T_a - \frac{bq_b}{\lambda}\frac{b}{a}(1 + \frac{\lambda}{ah_a} - \frac{a}{r}) \qquad \text{(Answer)}$$

[Solution 3.11] Derive Eq. (3.123)
The general solution of the temperature is from Eq. (3.121)

$$T = A_0 + \frac{B_0}{r} + \sum_{n=1}^{\infty}(A_n \frac{\sin s_n r}{r} + B_n \frac{\cos s_n r}{r})e^{-\kappa s_n^2 t} \qquad (a)$$

The boundary conditions are

$$T = T_a \text{ on } r=a, \qquad T = T_b \text{ on } r=b \qquad (b)$$

The initial condition is

$$T = T_i(r) \qquad \text{at} \quad t=0 \qquad (c)$$

Equations (c) give

$$A_0 + \frac{B_0}{a} + \sum_{n=1}^{\infty}(A_n \frac{\sin s_n a}{a} + B_n \frac{\cos s_n a}{a})e^{-\kappa s_n^2 t} = T_a$$
$$A_0 + \frac{B_0}{b} + \sum_{n=1}^{\infty}(A_n \frac{\sin s_n b}{b} + B_n \frac{\cos s_n b}{b})e^{-\kappa s_n^2 t} = T_b \qquad (d)$$

We obtain

$$A = T_a + \frac{T_b - T_a}{1 - \frac{a}{b}}, \quad B = -\frac{a(T_b - T_a)}{1 - \frac{a}{b}} \qquad (e)$$

and s_n are the roots of the equation

$$\sin s_n a \cos s_n b - \sin s_n b \cos s_n a = 0$$

$$\text{or } \sin s_n(b-a) = 0 \quad \rightarrow \quad s_n = \frac{n\pi}{b-a} \qquad (f)$$

The temperature is

$$T = A_0 + \frac{B_0}{r} + \sum_{n=1}^{\infty} \frac{A_n}{r} \sin s_n(r-a) e^{-\kappa s_n^2 t} \qquad \text{(g)}$$

where $A_n / \cos s_n a$ is rewritten as A_n. From the initial condition (c), Eq. (g) reduces to

$$\sum_{n=1}^{\infty} \frac{A_n}{r} \sin s_n(r-a) = T_i(r) - (A_0 + \frac{B_0}{r}) \qquad \text{(h)}$$

First, we calculate the following integrals:

$$I_{mn} = \int_a^b \sin s_m(r-a) \sin s_n(r-a) dr$$

$$= -\frac{1}{2} \int_a^b [\cos(s_m + s_n)(r-a) - \cos(s_m - s_n)(r-a)] dr$$

$$= -\frac{1}{2} [\frac{\sin(s_m + s_n)(b-a)}{s_m + s_n} - \frac{\sin(s_m - s_n)(b-a)}{s_m - s_n}]$$

$$= -\frac{1}{2(s_m + s_n)} [\sin s_m(b-a) \cos s_n(b-a) + \cos s_m(b-a) \sin s_n(b-a)]$$

$$+ \frac{1}{2(s_m - s_n)} [\sin s_m(b-a) \cos s_n(b-a) - \cos s_m(b-a) \sin s_n(b-a)] = 0$$

$$I_{nn} = \int_a^b \sin^2 s_n(r-a) dr = \frac{1}{2} \int_a^b [1 - \cos 2s_n(r-a)] dr$$

$$= \frac{1}{2}(b-a) - \frac{1}{4s_n} \sin 2s_n(b-a) = \frac{1}{2}(b-a) - \frac{1}{s_n} \sin s_n(b-a) \cos s_n(b-a)$$

$$= \frac{1}{2}(b-a)$$

Multiplying both sides of Eq. (h) by $r \sin s_m(r-a)$, and integrating from a to b, we find

$$A_m = \frac{2}{b-a} \int_a^b [T_i(r) - (A_0 + \frac{B_0}{r})] r \sin s_m(r-a) dr \qquad \text{(i)}$$

The temperature is

$$T = A_0 + \frac{B_0}{r} + \frac{2}{(b-a)r} \sum_{n=1}^{\infty} \sin s_n(r-a) e^{-\kappa s_n^2 t} \int_a^b [T_i(\eta) - (A_0 + \frac{B_0}{\eta})] \eta \sin s_n(\eta - a) d\eta$$

where $s_n = \dfrac{n\pi}{b-a}$ \hfill (Answer)

[Solution 3.11] Derive Eq. (3.124)
The difference between the temperature (3.122) and the temperature (3.124) is the

boundary condition on $r=a$. The boundary condition on $r=a$ is

$$\lambda \frac{\partial T}{\partial r} = h_a(T-T_a) \qquad \text{for the temperature (3.122)} \tag{a}$$

$$T = T_a \qquad \text{for the temperature (3.124)} \tag{b}$$

Rewriting the boundary condition on $r=a$ of the temperature (3.122), we have

$$T = T_a + \frac{\lambda}{h_a}\frac{\partial T}{\partial r} \tag{c}$$

Putting $h_a \to \infty$, equation (c) reduces to Eq. (b). Therefore, we can obtain the temperature (3.124) from the temperature (3.122) putting $h_a \to \infty$ in Eq. (3.122).

[Solution 3.11] Derive Eq. (3.125)

The difference between the temperature (3.122) and the temperature (3.125) is the boundary condition on $r=b$. The boundary condition on $r=b$ is

$$-\lambda \frac{\partial T}{\partial r} = h_b(T-T_b) \qquad \text{for the temperature (3.122)} \tag{a}$$

$$T = T_b \qquad \text{for the temperature (3.125)} \tag{b}$$

Rewriting the boundary condition on $r=b$ of the temperature (3.122), we have

$$T = T_b - \frac{\lambda}{h_b}\frac{\partial T}{\partial r} \tag{c}$$

Putting $h_b \to \infty$, Eq. (c) reduces to Eq. (b). Therefore, we can obtain the temperature (3.125) from the temperature (3.122) by putting $h_b \to \infty$ in Eq. (3.122).

[Solution 3.11] Derive Eq. (3.126)

The difference between the temperature (3.122) and the temperature (3.126) is the boundary condition on $r=a$. The boundary condition on $r=a$ of the temperature (3.122) is

$$\lambda \frac{\partial T}{\partial r} = h_a(T-T_a) \tag{a}$$

The boundary condition on $r=a$ of the temperature (3.126) is

$$\lambda \frac{\partial T}{\partial r} = q_a \tag{b}$$

After rewriting $h_a T_a = -q_a$, and putting $h_a \to 0$, Eq. (a) reduces to Eq. (b). Therefore, we can obtain the temperature (3.126) from the temperature (3.122) after rewriting $h_a T_a = -q_a$, and putting $h_a \to 0$ in Eq. (3.122).

[Solution 3.11] Derive Eq. (3.127)

The difference between the temperature (3.122) and the temperature (3.127) is the boundary condition on $r=b$. The boundary condition on $r=b$ of the temperature (3.122) is

$$-\lambda \frac{\partial T}{\partial r} = h_b (T - T_b) \qquad (a)$$

The boundary condition on $r=b$ of the temperature (3.127) is

$$-\lambda \frac{\partial T}{\partial r} = q_b \qquad (b)$$

After rewriting $h_b T_b = -q_b$, and putting $h_b \to 0$, Eq. (a) reduces to Eq. (b). Therefore, we can obtain the temperature (3.127) from the temperature (3.122) after rewriting $h_b T_b = -q_b$, and putting $h_b \to 0$ in Eq. (3.122).

[Solution 3.12]

Governing equation $\quad \dfrac{1}{\kappa} \dfrac{\partial T}{\partial t} = \dfrac{\partial^2 T}{\partial r^2} + \dfrac{1}{r} \dfrac{\partial T}{\partial r}$ (a)

Boundary condition $\quad -\lambda \dfrac{\partial T}{\partial r} = h_a [T - T_a(t)] \quad$ on $\quad r=a$ (b)

Initial condition $\quad T = T_i(r) \quad$ at $\quad t=0$ (c)

Applying the Laplace transform with respect to time and taking the initial condition into consideration, we obtain

Governing equation $\quad \dfrac{d^2 \overline{T}}{dr^2} + \dfrac{1}{r} \dfrac{d\overline{T}}{dr} - q^2 \overline{T} = -\dfrac{1}{\kappa} T_i(r)$ (d)

Boundary condition $\quad -\lambda \dfrac{d\overline{T}}{dr} = h_a (\overline{T} - \overline{T}_a) \quad$ on $\quad r=a$ (e)

where $q^2 = p/\kappa$. The general solution for a solid cylinder is from Eq. (e) in Subsection 3.4.4

$$\bar{T} = AI_0(qr) - \frac{1}{\kappa}\int_0^r T_i(\eta)\eta[I_0(qr)K_0(q\eta) - I_0(q\eta)K_0(qr)]d\eta \qquad (f)$$
$$= AI_0(qr) + G(qr)$$

where

$$G(qr) = -\frac{1}{\kappa}\int_0^r T_i(\eta)\eta[I_0(qr)K_0(q\eta) - I_0(q\eta)K_0(qr)]d\eta \qquad (g)$$

Differentiation of Eq. (f) gives

$$\frac{d\bar{T}}{dr} = AqI_1(qr) + G_1(qr) \qquad (h)$$

where

$$G_1(qr) \equiv \frac{dG(qr)}{dr} = -\frac{1}{\kappa}\int_0^r T_i(\eta)\eta q[I_1(qr)K_0(q\eta) + I_0(q\eta)K_1(qr)]d\eta \qquad (g')$$

The boundary condition (e) gives

$$A\lambda qI_1(qa) + \lambda G_1(qa) + Ah_aI_0(qa) + h_aG(qa) = h_a\bar{T}_a$$

$$\therefore A = \frac{h_a\bar{T}_a}{\lambda qI_1(qa) + h_aI_0(qa)} - \frac{\lambda G_1(qa) + h_aG(qa)}{\lambda qI_1(qa) + h_aI_0(qa)}$$

$$= \frac{h_a\bar{T}_a}{\lambda qI_1(qa) + h_aI_0(qa)} + \frac{\lambda qK_1(qa) - h_aK_0(qa)}{\lambda qI_1(qa) + h_aI_0(qa)}\frac{1}{\kappa}\int_0^a T_i(\eta)\eta I_0(q\eta)d\eta$$

$$+ \frac{1}{\kappa}\int_0^a T_i(\eta)\eta K_0(q\eta)d\eta \qquad (i)$$

The temperature in the Laplace domain is

$$\bar{T} = \frac{h_a\bar{T}_aI_0(qr)}{\lambda qI_1(qa) + h_aI_0(qa)} + \frac{\lambda qK_1(qa) - h_aK_0(qa)}{\lambda qI_1(qa) + h_aI_0(qa)}\frac{I_0(qr)}{\kappa}\int_0^a T_i(\eta)\eta I_0(q\eta)d\eta$$

$$+ \frac{I_0(qr)}{\kappa}\int_0^a T_i(\eta)\eta K_0(q\eta)d\eta + G(qr) \qquad (j)$$

or

$$\bar{T} = \bar{T}_a\bar{T}_1 + \bar{T}_2 + \bar{T}_3 \qquad (j')$$

where

$$\bar{T}_1 = \frac{h_aI_0(qr)}{\lambda qI_1(qa) + h_aI_0(qa)} \qquad (k\text{-}1)$$

$$\bar{T}_2 = \frac{\lambda qK_1(qa) - h_aK_0(qa)}{\lambda qI_1(qa) + h_aI_0(qa)}\frac{I_0(qr)}{\kappa}\int_0^a T_i(\eta)\eta I_0(q\eta)d\eta \qquad (k\text{-}2)$$

$$\overline{T}_3 = \frac{I_0(qr)}{\kappa}\int_0^a T_i(\eta)\eta K_0(q\eta)d\eta + G(qr) \tag{k-3}$$

The inverse Laplace transform of Eq. (j) reduces to calculation of the sum of the residues at the poles in the inner region with the contour given in Fig. 3.6. Since equation (k-3) has no pole, the inverse Laplace transform of Eq. (k-3) reduces to zero.

Equations (k-1) and (k-2) have poles at $p = -\kappa s_n^2$, and s_n are the positive roots of the equation:

$$\lambda s J_1(sa) - h_a J_0(sa) = 0 \tag{l}$$

The residue of $\overline{T}_1$ is

$$\frac{h_a I_0(qr)e^{pt}}{\frac{d}{dp}[\lambda q I_1(qa) + h_a I_0(qa)]}\Big|_{p=-\kappa s_n^2} = \frac{h_a I_0(qr)e^{-\kappa s_n^2 t}}{\frac{1}{2q\kappa}\frac{d}{dq}[\lambda q I_1(qa) + h_a I_0(qa)]}\Big|_{q=is_n}$$

$$= \frac{2is_n \kappa h_a I_0(is_n r)e^{-\kappa s_n^2 t}}{a[\lambda i s_n I_0(is_n a) + h_a I_1(is_n a)]} = \frac{2is_n \kappa h_a J_0(s_n r)e^{-\kappa s_n^2 t}}{a[\lambda i s_n J_0(s_n a) + i h_a J_1(s_n a)]}$$

$$= \frac{2s_n \kappa h_a J_0(s_n r)e^{-\kappa s_n^2 t}}{a[\lambda s_n J_0(s_n a) + h_a J_1(s_n a)]} = \frac{2\kappa \lambda s_n^2 h_a J_0(s_n r)e^{-\kappa s_n^2 t}}{a(\lambda^2 s_n^2 + h_a^2)J_0(s_n a)} \tag{m-1}$$

On the other hand,

$$\lambda q K_1(qa) - h_a K_0(qa)\big|_{q=is_n}$$

$$= \lambda i s_n(-\frac{\pi}{2})[J_1(s_n a) - iY_1(s_n a)] - h_a(-\frac{\pi}{2}i)[J_0(s_n a) - iY_0(s_n a)]$$

$$= \frac{\pi}{2}i[h_a J_0(s_n a) - \lambda s_n J_1(s_n a)] + \frac{\pi}{2}[h_a Y_0(s_n a) - \lambda s_n Y_1(s_n a)]$$

Using Eq. (l) and Eq. (B.12) in Appendix B

$$\lambda q K_1(qa) - h_a K_0(qa)\big|_{q=is_n} = \frac{\pi}{2}\{h_a Y_0(s_n a) - \frac{\lambda s_n}{J_0(s_n a)}[J_1(s_n a)Y_0(s_n a) - \frac{2}{\pi s_n a}]\}$$

$$= \frac{\pi}{2}[h_a J_0(s_n a) - \lambda s_n J_1(s_n a)]\frac{Y_0(s_n a)}{J_0(s_n a)} + \frac{\lambda}{aJ_0(s_n a)} = \frac{\lambda}{aJ_0(s_n a)}$$

Residue of $\overline{T}_2$ is

$$\frac{\lambda q K_1(qa) - h_a K_0(qa)}{\frac{d}{dp}[\lambda q I_1(qa) + h_a I_0(qa)]}\frac{I_0(qr)}{\kappa}\int_0^a T_i(\eta)\eta I_0(q\eta)d\eta e^{pt}\Big|_{p=-\kappa s_n^2}$$

$$= \frac{2\lambda^2 s_n^2 J_0(s_n r)e^{-\kappa s_n^2 t}}{a^2(\lambda^2 s_n^2 + h_a^2)J_0^2(s_n a)}\int_0^a T_i(\eta)\eta J_0(s_n \eta)d\eta \tag{m-2}$$

Referring to Table 3.1, we get

$$L^{-1}[\overline{T}_a\overline{T}_1] = \int_0^t T_a(\tau)T_1(t-\tau)d\tau$$

$$= \frac{2\kappa\lambda h_a}{a}\int_0^t T_a(\tau)\sum_{n=1}^\infty \frac{s_n^2 J_0(s_n r)e^{-\kappa s_n^2(t-\tau)}}{(\lambda^2 s_n^2 + h_a^2)J_0(s_n a)}d\tau \qquad \text{(m-3)}$$

The temperature is given by

$$T = \frac{2\kappa\lambda h_a}{a}\int_0^t T_a(\tau)\sum_{n=1}^\infty \frac{s_n^2 J_0(s_n r)e^{-\kappa s_n^2(t-\tau)}}{(\lambda^2 s_n^2 + h_a^2)J_0(s_n a)}d\tau$$

$$+ \frac{2\lambda^2}{a^2}\sum_{n=1}^\infty \frac{s_n^2 J_0(s_n r)e^{-\kappa s_n^2 t}}{(\lambda^2 s_n^2 + h_a^2)J_0^2(s_n a)}\int_0^a T_i(\eta)\eta J_0(s_n \eta)d\eta \qquad \text{(Answer)}$$

Chapter 4

[Solution 4.1]
The motion of the element in the x direction is

$$(\sigma_{xx} + \frac{\partial \sigma_{xx}}{\partial x}dx)dydz - \sigma_{xx}dydz + (\sigma_{yx} + \frac{\partial \sigma_{yx}}{\partial y}dy)dzdx - \sigma_{yx}dzdx$$
$$+ (\sigma_{zx} + \frac{\partial \sigma_{zx}}{\partial z}dz)dxdy - \sigma_{zx}dxdy + F_x dxdydz = \rho \frac{\partial^2 u_x}{\partial t^2}dxdydz \qquad (a)$$

Simplification of Eq. (a) gives

$$\frac{\partial \sigma_{xx}}{\partial x} + \frac{\partial \sigma_{yx}}{\partial y} + \frac{\partial \sigma_{zx}}{\partial z} + F_x = \rho \frac{\partial^2 u_x}{\partial t^2} \qquad (b)$$

The two other equations of motion in the y and z directions can be obtained in the same way. Then, we get

$$\sigma_{ji,j} + F_i = \rho \ddot{u}_i \qquad (i=1,2,3) \qquad \text{(Answer)}$$

[Solution 4.2]
Using the definition of strain:

$$2\varepsilon_{ij} = u_{i,j} + u_{j,i} \qquad (a)$$

we get

$$2\varepsilon_{ij,kl} = u_{i,jkl} + u_{j,ikl}$$
$$2\varepsilon_{kl,ij} = u_{k,lij} + u_{l,kij} \qquad (b)$$
$$2\varepsilon_{ik,jl} = u_{i,kjl} + u_{k,ijl}$$
$$2\varepsilon_{jl,ik} = u_{j,lik} + u_{l,jik}$$

Therefore,

$$\varepsilon_{ij,kl} + \varepsilon_{kl,ij} - \varepsilon_{ik,jl} - \varepsilon_{jl,ik}$$
$$= \frac{1}{2}(u_{i,jkl} + u_{j,ikl} + u_{k,lij} + u_{l,kij} - u_{i,kjl} - u_{k,ijl} - u_{j,lik} - u_{l,jik}) = 0 \qquad \text{(Answer)}$$

[Solution 4.3]
Using Eq. (4.14):

$$\varepsilon_{i'j'} = l_{i'k}l_{j'l}\varepsilon_{kl} = l_{i'1}l_{j'1}\varepsilon_{11} + l_{i'1}l_{j'2}\varepsilon_{12} + l_{i'1}l_{j'3}\varepsilon_{13} + l_{i'2}l_{j'1}\varepsilon_{21} + l_{i'2}l_{j'2}\varepsilon_{22} + l_{i'2}l_{j'3}\varepsilon_{23}$$
$$+ l_{i'3}l_{j'1}\varepsilon_{31} + l_{i'3}l_{j'2}\varepsilon_{32} + l_{i'3}l_{j'3}\varepsilon_{33}$$

and the notation

$$l_{1'1} = l_1, \quad l_{1'2} = m_1, \quad l_{1'3} = n_1$$
$$l_{2'1} = l_2, \quad l_{2'2} = m_2, \quad l_{2'3} = n_2$$
$$l_{3'1} = l_3, \quad l_{3'2} = m_3, \quad l_{3'3} = n_3$$

and rewriting subscript (1,2,3) as (x,y,z), we obtain Eq. (4.14').

$$\varepsilon_{x'x'} = \varepsilon_{xx}l_1^2 + \varepsilon_{yy}m_1^2 + \varepsilon_{zz}n_1^2 + 2(\varepsilon_{xy}l_1m_1 + \varepsilon_{yz}m_1n_1 + \varepsilon_{zx}n_1l_1)$$
$$\varepsilon_{y'y'} = \varepsilon_{xx}l_2^2 + \varepsilon_{yy}m_2^2 + \varepsilon_{zz}n_2^2 + 2(\varepsilon_{xy}l_2m_2 + \varepsilon_{yz}m_2n_2 + \varepsilon_{zx}n_2l_2)$$
$$\varepsilon_{z'z'} = \varepsilon_{xx}l_3^2 + \varepsilon_{yy}m_3^2 + \varepsilon_{zz}n_3^2 + 2(\varepsilon_{xy}l_3m_3 + \varepsilon_{yz}m_3n_3 + \varepsilon_{zx}n_3l_3)$$

$$\varepsilon_{x'y'} = \varepsilon_{xx}l_1l_2 + \varepsilon_{yy}m_1m_2 + \varepsilon_{zz}n_1n_2$$
$$+ \varepsilon_{xy}(l_1m_2 + l_2m_1) + \varepsilon_{yz}(m_1n_2 + m_2n_1) + \varepsilon_{zx}(n_1l_2 + n_2l_1)$$
$$\varepsilon_{y'z'} = \varepsilon_{xx}l_2l_3 + \varepsilon_{yy}m_2m_3 + \varepsilon_{zz}n_2n_3$$
$$+ \varepsilon_{xy}(l_2m_3 + l_3m_2) + \varepsilon_{yz}(m_2n_3 + m_3n_2) + \varepsilon_{zx}(n_2l_3 + n_3l_2)$$
$$\varepsilon_{z'x'} = \varepsilon_{xx}l_3l_1 + \varepsilon_{yy}m_3m_1 + \varepsilon_{zz}n_3n_1$$
$$+ \varepsilon_{xy}(l_3m_1 + l_1m_3) + \varepsilon_{yz}(m_3n_1 + m_1n_3) + \varepsilon_{zx}(n_3l_1 + n_1l_3) \tag{4.14'}$$

[Solution 4.4]

From the comparison between

$$\sigma_{ji,j} + F_i = \rho\ddot{u}_i \quad (i=1,2,3) \tag{4.1'''}$$

and

$$\sigma_{ji,j} + F_i = 0 \quad (i=1,2,3) \tag{4.1''}$$

two equations are equivalent as

$$\sigma_{ji,j} + F_i^* = 0 \quad (i=1,2,3) \tag{a}$$

where

$$F_i^* = \begin{cases} F_i - \rho\ddot{u}_i & \text{for motion} \\ F_i & \text{for without motion} \end{cases}$$

Equation (4.23'''') can be obtained by Eqs. (4.23'), (4.23''), (4.23'''), (4.23a), (4.23b), and (4.23c).

[Solution 4.5]
The first three equations in Eq. (4.12) are

$$\frac{\partial^2 \varepsilon_{xx}}{\partial y^2}+\frac{\partial^2 \varepsilon_{yy}}{\partial x^2}=2\frac{\partial^2 \varepsilon_{xy}}{\partial x \partial y}$$

$$\frac{\partial^2 \varepsilon_{yy}}{\partial z^2}+\frac{\partial^2 \varepsilon_{zz}}{\partial y^2}=2\frac{\partial^2 \varepsilon_{yz}}{\partial y \partial z} \qquad (a)$$

$$\frac{\partial^2 \varepsilon_{zz}}{\partial x^2}+\frac{\partial^2 \varepsilon_{xx}}{\partial z^2}=2\frac{\partial^2 \varepsilon_{zx}}{\partial z \partial x}$$

The constitutive equations from Eq. (4.15) are

$$\varepsilon_{ij}=\frac{1}{2G}(\sigma_{ij}-\frac{v}{1+v}\Theta \delta_{ij})+\alpha\tau\delta_{ij} \qquad (b)$$

Substitution of Eq. (b) into Eq. (a) gives

$$\frac{\partial^2 \sigma_{xx}}{\partial y^2}+\frac{\partial^2 \sigma_{yy}}{\partial x^2}-\frac{v}{1+v}(\frac{\partial^2 \Theta}{\partial y^2}+\frac{\partial^2 \Theta}{\partial x^2})+2G\alpha(\frac{\partial^2 \tau}{\partial y^2}+\frac{\partial^2 \tau}{\partial x^2})=2\frac{\partial^2 \sigma_{xy}}{\partial x \partial y}$$

$$\frac{\partial^2 \sigma_{yy}}{\partial z^2}+\frac{\partial^2 \sigma_{zz}}{\partial y^2}-\frac{v}{1+v}(\frac{\partial^2 \Theta}{\partial z^2}+\frac{\partial^2 \Theta}{\partial y^2})+2G\alpha(\frac{\partial^2 \tau}{\partial z^2}+\frac{\partial^2 \tau}{\partial y^2})=2\frac{\partial^2 \sigma_{yz}}{\partial y \partial z} \qquad (c)$$

$$\frac{\partial^2 \sigma_{zz}}{\partial x^2}+\frac{\partial^2 \sigma_{xx}}{\partial z^2}-\frac{v}{1+v}(\frac{\partial^2 \Theta}{\partial x^2}+\frac{\partial^2 \Theta}{\partial z^2})+2G\alpha(\frac{\partial^2 \tau}{\partial x^2}+\frac{\partial^2 \tau}{\partial z^2})=2\frac{\partial^2 \sigma_{zx}}{\partial z \partial x}$$

The summation of Eq. (c) gives

$$\nabla^2 \Theta -(\frac{\partial^2 \sigma_{xx}}{\partial x^2}+\frac{\partial^2 \sigma_{yy}}{\partial y^2}+\frac{\partial^2 \sigma_{zz}}{\partial z^2})-\frac{2v}{1+v}\nabla^2 \Theta +4G\alpha\nabla^2 \tau =2(\frac{\partial^2 \sigma_{xy}}{\partial x \partial y}+\frac{\partial^2 \sigma_{yz}}{\partial y \partial z}+\frac{\partial^2 \sigma_{zx}}{\partial z \partial x})$$

$$\frac{1-v}{1+v}\nabla^2 \Theta +4G\alpha\nabla^2 \tau =(\frac{\partial^2 \sigma_{xx}}{\partial x^2}+\frac{\partial^2 \sigma_{xy}}{\partial x \partial y}+\frac{\partial^2 \sigma_{zx}}{\partial z \partial x})+(\frac{\partial^2 \sigma_{xy}}{\partial x \partial y}+\frac{\partial^2 \sigma_{yy}}{\partial y^2}+\frac{\partial^2 \sigma_{yz}}{\partial y \partial z})$$

$$+(\frac{\partial^2 \sigma_{zx}}{\partial z \partial x}+\frac{\partial^2 \sigma_{yz}}{\partial y \partial z}+\frac{\partial^2 \sigma_{zz}}{\partial z^2})$$

Taking Eq. (4.1) into consideration, the above equations become

$$\nabla^2 \Theta =-\frac{2E}{1-v}\alpha\nabla^2 \tau -\frac{1+v}{1-v}(\frac{\partial F_x}{\partial x}+\frac{\partial F_y}{\partial y}+\frac{\partial F_z}{\partial z}) \qquad (d)$$

The summation of the second and the third equation in Eq. (c) gives

$$\frac{\partial^2 \sigma_{zz}}{\partial y^2}+\frac{\partial^2 \sigma_{zz}}{\partial x^2}+\frac{\partial^2 (\sigma_{xx}+\sigma_{yy})}{\partial z^2}-\frac{v}{1+v}(\nabla^2 \Theta +\frac{\partial^2 \Theta}{\partial z^2})$$

$$+2G\alpha(\nabla^2 \tau +\frac{\partial^2 \tau}{\partial z^2})-2\frac{\partial}{\partial z}(\frac{\partial \sigma_{xz}}{\partial x}+\frac{\partial \sigma_{yz}}{\partial y})$$

$$=\nabla^2 \sigma_{zz}+\frac{\partial^2 \Theta}{\partial z^2}-2\frac{\partial}{\partial z}(\frac{\partial \sigma_{xz}}{\partial x}+\frac{\partial \sigma_{yz}}{\partial y}+\frac{\partial \sigma_{zz}}{\partial z})+2G\alpha(\nabla^2 \tau +\frac{\partial^2 \tau}{\partial z^2})-\frac{v}{1+v}\frac{\partial^2 \Theta}{\partial z^2}$$

$$+ \frac{v}{1+v}[\frac{2E}{1-v}\alpha\nabla^2\tau + \frac{1+v}{1-v}(\frac{\partial F_x}{\partial x} + \frac{\partial F_y}{\partial y} + \frac{\partial F_z}{\partial z})]$$

$$= \nabla^2\sigma_{zz} + \frac{1}{1+v}\frac{\partial^2\Theta}{\partial z^2} + \frac{\alpha E}{1+v}\frac{\partial^2\tau}{\partial z^2} + \frac{\alpha E}{1-v}\nabla^2\tau + \frac{v}{1-v}(\frac{\partial F_x}{\partial x} + \frac{\partial F_y}{\partial y} + \frac{\partial F_z}{\partial z}) + 2\frac{\partial F_z}{\partial z} = 0$$

Then

$$\nabla^2\sigma_{zz} + \frac{1}{1+v}\frac{\partial^2\Theta}{\partial z^2} + \alpha E(\frac{1}{1+v}\frac{\partial^2\tau}{\partial z^2} + \frac{1}{1-v}\nabla^2\tau) = -\frac{v}{1-v}(\frac{\partial F_x}{\partial x} + \frac{\partial F_y}{\partial y} + \frac{\partial F_z}{\partial z}) - 2\frac{\partial F_z}{\partial z}$$

(Answer)

The two other equations can be obtained in the same way. Then, we get the first, second and third equation in Eq. (4.26).

The right-hand side in Eq. (4.12) are

$$\frac{\partial^2\varepsilon_{xx}}{\partial y\partial z} = \frac{\partial}{\partial x}(-\frac{\partial\varepsilon_{yz}}{\partial x} + \frac{\partial\varepsilon_{zx}}{\partial y} + \frac{\partial\varepsilon_{xy}}{\partial z})$$

$$\frac{\partial^2\varepsilon_{yy}}{\partial z\partial x} = \frac{\partial}{\partial y}(\frac{\partial\varepsilon_{yz}}{\partial x} - \frac{\partial\varepsilon_{zx}}{\partial y} + \frac{\partial\varepsilon_{xy}}{\partial z}) \quad (e)$$

$$\frac{\partial^2\varepsilon_{zz}}{\partial x\partial y} = \frac{\partial}{\partial z}(\frac{\partial\varepsilon_{yz}}{\partial x} + \frac{\partial\varepsilon_{zx}}{\partial y} - \frac{\partial\varepsilon_{xy}}{\partial z})$$

Substitution of Eq. (b) into the first equation in Eq. (e) gives

$$2G[\frac{\partial^2\varepsilon_{xx}}{\partial y\partial z} - \frac{\partial}{\partial x}(-\frac{\partial\varepsilon_{yz}}{\partial x} + \frac{\partial\varepsilon_{zx}}{\partial y} + \frac{\partial\varepsilon_{xy}}{\partial z})]$$

$$= \frac{\partial^2}{\partial y\partial z}(\sigma_{xx} - \frac{v}{1+v}\Theta + 2G\alpha\tau) - \frac{\partial}{\partial x}(-\frac{\partial\sigma_{yz}}{\partial x} + \frac{\partial\sigma_{zx}}{\partial y} + \frac{\partial\sigma_{xy}}{\partial z})$$

$$= \frac{1}{1+v}\frac{\partial^2\Theta}{\partial y\partial z} + 2G\alpha\frac{\partial^2\tau}{\partial y\partial z} - [\frac{\partial}{\partial z}(\frac{\partial\sigma_{yy}}{\partial y} + \frac{\partial\sigma_{xy}}{\partial x}) + \frac{\partial}{\partial y}(\frac{\partial\sigma_{zz}}{\partial z} + \frac{\partial\sigma_{zx}}{\partial x}) - \frac{\partial^2\sigma_{yz}}{\partial x^2}]$$

$$= \frac{1}{1+v}\frac{\partial^2\Theta}{\partial y\partial z} + 2G\alpha\frac{\partial^2\tau}{\partial y\partial z} + [\frac{\partial}{\partial z}(\frac{\partial\sigma_{yz}}{\partial z} + F_y) + \frac{\partial}{\partial y}(\frac{\partial\sigma_{yz}}{\partial y} + F_z) + \frac{\partial^2\sigma_{yz}}{\partial x^2}]$$

$$= \nabla^2\sigma_{yz} + \frac{1}{1+v}\frac{\partial^2\Theta}{\partial y\partial z} + 2G\alpha\frac{\partial^2\tau}{\partial y\partial z} + (\frac{\partial F_y}{\partial z} + \frac{\partial F_z}{\partial y}) = 0$$

We get the fifth equation in Eq. (4.26)

$$\therefore \quad \nabla^2\sigma_{yz} + \frac{1}{1+v}\frac{\partial^2\Theta}{\partial y\partial z} + \frac{\alpha E}{1+v}\frac{\partial^2\tau}{\partial y\partial z} = -(\frac{\partial F_y}{\partial z} + \frac{\partial F_z}{\partial y}) \quad \text{(Answer)}$$

The forth and sixth equations can be obtained in the same way.

[Solution 4.6]

The equilibrium equation of the forces in the $\theta + d\theta/2$ direction acting on the element is

$$(\sigma_{\theta\theta} + \frac{\partial \sigma_{\theta\theta}}{\partial \theta} d\theta) drdz \cos\frac{d\theta}{2} + (\sigma_{\theta r} + \frac{\partial \sigma_{\theta r}}{\partial \theta} d\theta) drdz \sin\frac{d\theta}{2}$$

$$-\sigma_{\theta\theta} drdz \cos\frac{d\theta}{2} + \sigma_{\theta r} drdz \sin\frac{d\theta}{2}$$

$$+(\sigma_{z\theta} + \frac{\partial \sigma_{z\theta}}{\partial z} dz)[\pi(r+dr)^2 - \pi r^2]\frac{d\theta}{2\pi} - \sigma_{z\theta}[\pi(r+dr)^2 - \pi r^2]\frac{d\theta}{2\pi}$$

$$+(\sigma_{r\theta} + \frac{\partial \sigma_{r\theta}}{\partial r} dr)(r+dr)d\theta dz - \sigma_{r\theta} rd\theta dz + F_\theta[\pi(r+dr)^2 - \pi r^2]\frac{d\theta}{2\pi} dz = 0$$

Using $\cos\frac{d\theta}{2} \to 1$, $\sin\frac{d\theta}{2} \to \frac{d\theta}{2}$, we get

$$\frac{\partial \sigma_{\theta\theta}}{\partial \theta} drd\theta dz + \sigma_{\theta r} drd\theta dz + \frac{\partial \sigma_{\theta r}}{\partial \theta} drd\theta dz \frac{d\theta}{2} + \frac{\partial \sigma_{z\theta}}{\partial z}(r+\frac{dr}{2})drd\theta dz$$

$$+\sigma_{r\theta} drd\theta dz + \frac{\partial \sigma_{r\theta}}{\partial r}(r+dr)drd\theta dz + F_\theta(r+\frac{dr}{2})drd\theta dz = 0$$

$$\therefore \quad (\frac{\partial \sigma_{r\theta}}{\partial r} + \frac{1}{r}\frac{\partial \sigma_{\theta\theta}}{\partial \theta} + \frac{\partial \sigma_{z\theta}}{\partial z} + 2\frac{\sigma_{r\theta}}{r} + F_\theta) rdrd\theta dz$$

$$+(\frac{\partial \sigma_{\theta r}}{\partial \theta}\frac{d\theta}{2} + \frac{\partial \sigma_{z\theta}}{\partial z}\frac{dr}{2} + \frac{\partial \sigma_{r\theta}}{\partial r} dr + F_\theta \frac{dr}{2}) drd\theta dz = 0$$

After dividing the above equation by $rdrd\theta dz$ and omitting higher infinitesimal terms, we obtain

$$\frac{\partial \sigma_{r\theta}}{\partial r} + \frac{1}{r}\frac{\partial \sigma_{\theta\theta}}{\partial \theta} + \frac{\partial \sigma_{z\theta}}{\partial z} + 2\frac{\sigma_{r\theta}}{r} + F_\theta = 0 \quad \text{(Answer)}$$

The equilibrium equation of the forces in the z direction acting on the element is

$$(\sigma_{zz} + \frac{\partial \sigma_{zz}}{\partial z} dz)[\pi(r+dr)^2 - \pi r^2]\frac{d\theta}{2\pi} - \sigma_{zz}[\pi(r+dr)^2 - \pi r^2]\frac{d\theta}{2\pi}$$

$$+(\sigma_{\theta z} + \frac{\partial \sigma_{z\theta}}{\partial \theta} d\theta) drdz - \sigma_{\theta z} drdz + (\sigma_{rz} + \frac{\partial \sigma_{rz}}{\partial r} dr)(r+dr)d\theta dz - \sigma_{rz} rd\theta dz$$

$$+ F_z[\pi(r+dr)^2 - \pi r^2]\frac{d\theta}{2\pi} dz = 0$$

$$\therefore \quad \frac{\partial \sigma_{zz}}{\partial z}(r+\frac{dr}{2})drd\theta dz + \frac{\partial \sigma_{z\theta}}{\partial \theta} d\theta drdz + \sigma_{rz} drd\theta dz + \frac{\partial \sigma_{rz}}{\partial r}(r+dr)drd\theta dz$$

$$+ F_z(r + \frac{dr}{2})drd\theta dz = 0$$

After dividing the above equation by $rdrd\theta dz$ and omitting higher infinitesimal terms, we obtain

$$\frac{\partial \sigma_{rz}}{\partial r} + \frac{1}{r}\frac{\partial \sigma_{\theta z}}{\partial \theta} + \frac{\partial \sigma_{zz}}{\partial z} + \frac{\sigma_{rz}}{r} + F_z = 0 \qquad \text{(Answer)}$$

[Solution 4.7]
We consider the general solution of the Laplace equation in the cylindrical coordinate system by the use of separation variables

$$(\frac{\partial^2}{\partial r^2} + \frac{1}{r}\frac{\partial}{\partial r} + \frac{1}{r^2}\frac{\partial^2}{\partial \theta^2} + \frac{\partial^2}{\partial z^2})\varphi = 0 \qquad (a)$$

We assume that the harmonic function can be expressed by the product of three unknown functions, each of only one variable

$$\varphi(r,\theta,z) = f(r)g(\theta)h(z) \qquad (b)$$

Substitution of Eq. (b) into Eq. (a) gives

$$\frac{1}{f(r)}(\frac{d^2}{dr^2} + \frac{1}{r}\frac{d}{dr})f(r) + \frac{1}{r^2}\frac{1}{g(\theta)}\frac{d^2 g(\theta)}{d\theta^2} + \frac{1}{h(z)}\frac{d^2 h(z)}{dz^2} = 0 \qquad (c)$$

Equation (c) will be satisfied if the functions are selected as:

$$\frac{d^2 f(r)}{dr^2} + \frac{1}{r}\frac{df(r)}{dr} + (a^2 - \frac{b^2}{r^2})f(r) = 0$$

$$\frac{d^2 g(\theta)}{d\theta^2} + b^2 g(\theta) = 0 \qquad (d)$$

$$\frac{d^2 h(z)}{dz^2} - a^2 h(z) = 0$$

The general solutions of Eq. (d) are

$$f(r) = \begin{pmatrix} 1 \\ \ln r \end{pmatrix} \text{ for } a=b=0, \qquad f(r) = \begin{pmatrix} r^b \\ r^{-b} \end{pmatrix} \text{ for } a=0, b \neq 0$$

$$f(r) = \begin{pmatrix} J_b(ar) \\ Y_b(ar) \end{pmatrix} \text{ for } a \neq 0,$$

$$g(\theta) = \begin{pmatrix} 1 \\ \theta \end{pmatrix} \text{ for } b=0, \qquad g(\theta) = \begin{pmatrix} \sin b\theta \\ \cos b\theta \end{pmatrix} \text{ for } b \neq 0$$

$$h(z) = \begin{pmatrix} 1 \\ z \end{pmatrix} \quad \text{for } a=0, \quad h(z) = \begin{pmatrix} e^{az} \\ e^{-az} \end{pmatrix} \quad \text{for } a \neq 0 \quad (e)$$

Equation (c) may also be satisfied if the functions are selected as:

$$\frac{d^2 f(r)}{dr^2} + \frac{1}{r}\frac{df(r)}{dr} - (a^2 + \frac{b^2}{r^2})f(r) = 0$$

$$\frac{d^2 g(\theta)}{d\theta^2} + b^2 g(\theta) = 0 \quad (f)$$

$$\frac{d^2 h(z)}{dz^2} + a^2 h(z) = 0$$

The general solutions of Eq. (f) are

$$f(r) = \begin{pmatrix} 1 \\ \ln r \end{pmatrix} \quad \text{for } a=b=0, \quad f(r) = \begin{pmatrix} r^b \\ r^{-b} \end{pmatrix} \quad \text{for } a=0, b \neq 0$$

$$f(r) = \begin{pmatrix} I_b(ar) \\ K_b(ar) \end{pmatrix} \quad \text{for } a \neq 0$$

$$g(\theta) = \begin{pmatrix} 1 \\ \theta \end{pmatrix} \quad \text{for } b=0, \quad g(\theta) = \begin{pmatrix} \sin b\theta \\ \cos b\theta \end{pmatrix} \quad \text{for } b \neq 0$$

$$h(z) = \begin{pmatrix} 1 \\ z \end{pmatrix} \quad \text{for } a=0, \quad h(z) = \begin{pmatrix} \sin az \\ \cos az \end{pmatrix} \quad \text{for } a \neq 0 \quad (g)$$

The general solutions of the harmonic function in the cylindrical coordinate system are

$$\begin{pmatrix} 1 \\ \ln r \end{pmatrix}\begin{pmatrix} 1 \\ \theta \end{pmatrix}\begin{pmatrix} 1 \\ z \end{pmatrix}, \qquad \begin{pmatrix} r^b \\ r^{-b} \end{pmatrix}\begin{pmatrix} \sin b\theta \\ \cos b\theta \end{pmatrix}\begin{pmatrix} 1 \\ z \end{pmatrix}$$

$$\begin{pmatrix} J_0(ar) \\ Y_0(ar) \end{pmatrix}\begin{pmatrix} 1 \\ \theta \end{pmatrix}\begin{pmatrix} e^{az} \\ e^{-az} \end{pmatrix}, \qquad \begin{pmatrix} I_0(ar) \\ K_0(ar) \end{pmatrix}\begin{pmatrix} 1 \\ \theta \end{pmatrix}\begin{pmatrix} \sin az \\ \cos az \end{pmatrix}$$

$$\begin{pmatrix} J_b(ar) \\ Y_b(ar) \end{pmatrix}\begin{pmatrix} \sin b\theta \\ \cos b\theta \end{pmatrix}\begin{pmatrix} e^{az} \\ e^{-az} \end{pmatrix}, \qquad \begin{pmatrix} I_b(ar) \\ K_b(ar) \end{pmatrix}\begin{pmatrix} \sin b\theta \\ \cos b\theta \end{pmatrix}\begin{pmatrix} \sin az \\ \cos az \end{pmatrix} \quad \text{(Answer)}$$

[Solution 4.8]

The area of the infinitesimal element ABFE is $r dr d\theta$

The area of the infinitesimal element DCGH is $r dr d\theta$

The area of the infinitesimal element AEHD is $dr r \sin\theta d\phi$

The area of the infinitesimal element is BFGC is

$drr\sin(\theta+d\theta)d\phi = drr\sin\theta\cos d\theta d\phi + drr\cos\theta\sin d\theta d\phi \cong drr\sin\theta d\phi + drr\cos\theta d\theta d\phi$

The area of the infinitesimal element ABCD is $r^2 \sin\theta d\theta d\phi$

The area of the infinitesimal element EFGH is

$(r+dr)^2 d\theta \sin\theta d\phi \cong (r^2 + 2rdr)d\theta \sin\theta d\phi$

The volume of the infinitesimal element ABCDEFG is $r^2 \sin\theta dr d\theta d\phi$

The equilibrium equation of the forces in the r direction acting on the element is

$(\sigma_{rr} + \frac{\partial \sigma_{rr}}{\partial r} dr)(r^2 + 2rdr)\sin\theta d\theta d\phi - \sigma_{rr} r^2 \sin\theta d\theta d\phi$

$+ (\sigma_{\theta r} + \frac{\partial \sigma_{\theta r}}{\partial \theta} d\theta)(\sin\theta + \cos\theta d\theta)rdrd\phi \cos\frac{d\theta}{2} - \sigma_{\theta r} \sin\theta rdrd\phi \cos\frac{d\theta}{2}$

$- (\sigma_{\theta\theta} + \frac{\partial \sigma_{\theta\theta}}{\partial \theta} d\theta)(\sin\theta + \cos\theta d\theta)rdrd\phi \sin\frac{d\theta}{2} - \sigma_{\theta\theta} \sin\theta rdrd\phi \sin\frac{d\theta}{2}$

$+ (\sigma_{\phi r} + \frac{\partial \sigma_{\phi r}}{\partial \phi} d\phi)rdrd\theta \cos\frac{\sin\theta d\phi}{2} - \sigma_{\phi r} rdrd\theta \cos\frac{\sin\theta d\phi}{2}$

$- (\sigma_{\phi\phi} + \frac{\partial \sigma_{\phi\phi}}{\partial \phi} d\phi)rdrd\theta \sin\frac{\sin\theta d\phi}{2} - \sigma_{\phi\phi} rdrd\theta \sin\frac{\sin\theta d\phi}{2}$

$+ F_r r^2 \sin\theta dr d\theta d\phi = 0$

Using $\cos\frac{d\theta}{2} \to 1$, $\sin\frac{d\theta}{2} \to \frac{d\theta}{2}$, $\cos\frac{\sin\theta d\phi}{2} \to 1$, $\sin\frac{\sin\theta d\phi}{2} \to \frac{\sin\theta d\phi}{2}$, we get

$\frac{\partial \sigma_{rr}}{\partial r} r^2 \sin\theta dr d\theta d\phi + 2\sigma_{rr} r \sin\theta dr d\theta d\phi + 2\frac{\partial \sigma_{rr}}{\partial r} r \sin\theta dr d\theta d\phi dr$

$+ \sigma_{\theta r} r \cos\theta dr d\theta d\phi + \frac{\partial \sigma_{\theta r}}{\partial \theta} r \sin\theta dr d\theta d\phi + \frac{\partial \sigma_{\theta r}}{\partial \theta} r \cos\theta dr d\theta d\phi d\theta$

$- \sigma_{\theta\theta} r \sin\theta dr d\theta d\phi - \frac{1}{2}(\sigma_{\theta\theta} \cos\theta d\theta + \frac{\partial \sigma_{\theta\theta}}{\partial \theta} \sin\theta d\theta + \frac{\partial \sigma_{\theta\theta}}{\partial \theta} \cos\theta d\theta d\theta)rdrd\theta d\phi$

$+ \frac{\partial \sigma_{\phi r}}{\partial \phi} rdrd\theta d\phi - \sigma_{\phi\phi} r \sin\theta dr d\theta d\phi - \frac{1}{2}\frac{\partial \sigma_{\phi r}}{\partial \phi} r \sin\theta dr d\theta d\phi d\phi + F_r r^2 \sin\theta dr d\theta d\phi = 0$

After dividing the above equation by $r^2 \sin\theta dr d\theta d\phi$ and omitting higher infinitesimal terms, we obtain

$\frac{\partial \sigma_{rr}}{\partial r} + \frac{1}{r}\frac{\partial \sigma_{\theta r}}{\partial \theta} + \frac{1}{r\sin\theta}\frac{\partial \sigma_{\phi r}}{\partial \phi} + \frac{1}{r}(2\sigma_{rr} - \sigma_{\theta\theta} - \sigma_{\phi\phi} + \sigma_{\theta r}\cot\theta) + F_r = 0$ (Answer)

The equilibrium equation of the forces in the $\theta + d\theta/2$ direction acting on the element is

$$(\sigma_{r\theta} + \frac{\partial \sigma_{r\theta}}{\partial r}dr)(r^2 + 2rdr)\sin\theta d\theta d\phi - \sigma_{r\theta}r^2\sin\theta d\theta d\phi$$

$$+(\sigma_{\theta r} + \frac{\partial \sigma_{\theta r}}{\partial \theta}d\theta)(\sin\theta + \cos\theta d\theta)rdrd\phi \sin\frac{d\theta}{2} + \sigma_{\theta r}\sin\theta rdrd\phi \sin\frac{d\theta}{2}$$

$$+(\sigma_{\theta\theta} + \frac{\partial \sigma_{\theta\theta}}{\partial \theta}d\theta)(\sin\theta + \cos\theta d\theta)rdrd\phi \cos\frac{d\theta}{2} - \sigma_{\theta\theta}\sin\theta rdrd\phi \cos\frac{d\theta}{2}$$

$$+(\sigma_{\phi\theta} + \frac{\partial \sigma_{\phi\theta}}{\partial \phi}d\phi)rdrd\theta \cos\frac{\cos\theta d\phi}{2} - \sigma_{\phi\theta}rdrd\theta \cos\frac{\cos\theta d\phi}{2}$$

$$-(\sigma_{\phi\phi} + \frac{\partial \sigma_{\phi\phi}}{\partial \phi}d\phi)rdrd\theta \sin\frac{\cos\theta d\phi}{2} - \sigma_{\phi\phi}rdrd\theta \sin\frac{\cos\theta d\phi}{2}$$

$$+F_\theta r^2 \sin\theta drd\theta d\phi = 0$$

Using $\cos\frac{d\theta}{2} \to 1$, $\sin\frac{d\theta}{2} \to \frac{d\theta}{2}$, $\cos\frac{\cos\theta d\phi}{2} \to 1$, $\sin\frac{\cos\theta d\phi}{2} \to \frac{\cos\theta d\phi}{2}$, we get

$$2\sigma_{r\theta}r\sin\theta drd\theta d\phi + \frac{\partial \sigma_{r\theta}}{\partial r}r^2\sin\theta drd\theta d\phi + 2\frac{\partial \sigma_{r\theta}}{\partial r}r\sin\theta drd\theta d\phi dr$$

$$+\sigma_{\theta r}r\sin\theta drd\theta d\phi + \frac{1}{2}(\sigma_{\theta r}\cot\theta + \frac{\partial \sigma_{\theta r}}{\partial \theta} + \frac{\partial \sigma_{\theta r}}{\partial \theta}\cot\theta d\theta)r\sin\theta drd\theta d\phi d\theta$$

$$+(\sigma_{\theta\theta}\cot\theta + \frac{\partial \sigma_{\theta\theta}}{\partial \theta} + \frac{\partial \sigma_{\theta\theta}}{\partial \theta}\cot\theta d\theta)r\sin\theta drd\theta d\phi$$

$$+\frac{1}{\sin\theta}\frac{\partial \sigma_{\phi\theta}}{\partial \phi}r\sin\theta drd\theta d\phi - (\sigma_{\phi\phi} + \frac{1}{2}\frac{\partial \sigma_{\phi\phi}}{\partial \phi}d\phi)\cot\theta r\sin\theta drd\theta d\phi$$

$$+F_\theta r^2 \sin\theta drd\theta d\phi = 0$$

After dividing the above equation by $r^2 \sin\theta drd\theta d\phi$ and omitting higher infinitesimal terms, we obtain

$$\frac{\partial \sigma_{r\theta}}{\partial r} + \frac{1}{r}\frac{\partial \sigma_{\theta\theta}}{\partial \theta} + \frac{1}{r\sin\theta}\frac{\partial \sigma_{\phi\theta}}{\partial \phi} + \frac{1}{r}(3\sigma_{r\theta} + \sigma_{\theta\theta}\cot\theta - \sigma_{\phi\phi}\cot\theta) + F_\theta = 0 \quad \text{(Answer)}$$

The equilibrium equation of the forces in $\phi + d\phi/2$ direction acting on the element is

$$(\sigma_{r\phi} + \frac{\partial \sigma_{r\phi}}{\partial r}dr)(r^2 + 2rdr)\sin\theta d\theta d\phi - \sigma_{r\phi}r^2\sin\theta d\theta d\phi$$

$$+(\sigma_{\theta\phi} + \frac{\partial \sigma_{\theta\phi}}{\partial \theta}d\theta)(\sin\theta + \cos\theta d\theta)rdrd\phi - \sigma_{\theta\phi}\sin\theta rdrd\phi$$

$$+(\sigma_{\phi r} + \frac{\partial \sigma_{\phi r}}{\partial \phi}d\phi)rdrd\theta \sin\frac{\sin\theta d\phi}{2} + \sigma_{\phi r}rdrd\theta \sin\frac{\sin\theta d\phi}{2}$$

$$+(\sigma_{\phi\phi}+\frac{\partial\sigma_{\phi\phi}}{\partial\phi}d\phi)rdrd\theta\cos\frac{\cos\theta d\phi}{2}\cos\frac{\sin\theta d\phi}{2}-\sigma_{\phi\phi}rdrd\theta\cos\frac{\cos\theta d\phi}{2}\cos\frac{\sin\theta d\phi}{2}$$

$$+(\sigma_{\phi\theta}+\frac{\partial\sigma_{\phi\theta}}{\partial\phi}d\phi)rdrd\theta\sin\frac{\cos\theta d\phi}{2}+\sigma_{\phi\theta}rdrd\theta\sin\frac{\cos\theta d\phi}{2}+F_\phi r^2\sin\theta drd\theta d\phi=0$$

Using $\cos\frac{\sin\theta d\phi}{2}\to 1, \cos\frac{\cos\theta d\phi}{2}\to 1, \sin\frac{\sin\theta d\phi}{2}\to\frac{\sin\theta d\phi}{2}, \sin\frac{\cos\theta d\phi}{2}\to\frac{\cos\theta d\phi}{2}$,

we get

$$2\sigma_{r\phi}r\sin\theta drd\theta d\phi+\frac{\partial\sigma_{r\phi}}{\partial r}r^2\sin\theta drd\theta d\phi+2\frac{\partial\sigma_{r\phi}}{\partial r}rdr\sin\theta drd\theta d\phi$$

$$+\sigma_{\theta\phi}r\cos\theta drd\theta d\phi+\frac{\partial\sigma_{\theta\phi}}{\partial\theta}r\sin\theta drd\theta d\phi+\frac{\partial\sigma_{\theta\phi}}{\partial\theta}d\theta r\cos\theta drd\theta d\phi$$

$$+(\sigma_{\phi r}+\frac{1}{2}\frac{\partial\sigma_{\phi r}}{\partial\phi}d\phi)r\sin\theta drd\theta d\phi+\frac{\partial\sigma_{\phi\phi}}{\partial\phi}rdrd\theta d\phi$$

$$+\sigma_{\phi\theta}r\cos\theta drd\theta d\phi+\frac{1}{2}\frac{\partial\sigma_{\phi\theta}}{\partial\phi}d\phi r\cos\theta drd\theta d\phi+F_\phi r^2\sin\theta drd\theta d\phi=0$$

After dividing the above equation by $r^2\sin\theta drd\theta d\phi$ and omitting higher infinitesimal terms, we obtain

$$\frac{\partial\sigma_{r\phi}}{\partial r}+\frac{1}{r}\frac{\partial\sigma_{\theta\phi}}{\partial\theta}+\frac{1}{r\sin\theta}\frac{\partial\sigma_{\phi\phi}}{\partial\phi}+\frac{1}{r}(3\sigma_{r\phi}+2\cot\theta\sigma_{\theta\phi})+F_\phi=0 \qquad \text{(Answer)}$$

[Solution 4.9]

We consider the general solution of the Laplace equation in the cylindrical coordinate system by the use of separation variables

$$(\frac{\partial^2}{\partial r^2}+\frac{2}{r}\frac{\partial}{\partial r}+\frac{1}{r^2}\frac{\partial^2}{\partial\theta^2}+\frac{1}{r^2\tan\theta}\frac{\partial}{\partial\theta}+\frac{1}{r^2\sin^2\theta}\frac{\partial^2}{\partial\phi^2})\varphi=0 \qquad (a)$$

We assume that the harmonic function can be expressed by the product of three unknown functions, each of only one variable

$$\varphi(r,\theta,\phi)=f(r)g(\theta)h(\phi) \qquad (b)$$

Substitution of Eq. (b) into Eq. (a) gives

$$\frac{r^2}{f(r)}(\frac{d^2}{dr^2}+\frac{2}{r}\frac{d}{dr})f(r)+\frac{1}{g(\theta)}(\frac{d^2}{d\theta^2}+\frac{1}{\tan\theta}\frac{d}{d\theta})g(\theta)+\frac{1}{\sin^2\theta h(\phi)}\frac{d^2 h(\phi)}{d\phi^2}=0 \quad (c)$$

Equation (c) will be satisfied if the functions are selected as:

$$\frac{d^2 f(r)}{dr^2} + \frac{2}{r}\frac{df(r)}{dr} - \frac{v(v+1)}{r^2} f(r) = 0$$

$$\frac{d^2 g(\theta)}{d\theta^2} + \frac{1}{\tan\theta}\frac{dg(\theta)}{d\theta} + [v(v+1) - \frac{\mu^2}{\sin^2\theta}] g(\theta) = 0 \quad \text{(d)}$$

$$\frac{d^2 h(\phi)}{dz^2} + \mu^2 h(\phi) = 0$$

The general solutions of Eq. (d) are

$$f(r) = \begin{pmatrix} r^v \\ r^{-(v+1)} \end{pmatrix}$$

$$h(\phi) = \begin{pmatrix} 1 \\ \phi \end{pmatrix} \quad \text{for} \quad \mu = 0, \quad h(\phi) = \begin{pmatrix} \sin\mu\phi \\ \cos\mu\phi \end{pmatrix} \quad \text{for} \quad \mu \neq 0 \quad \text{(e)}$$

Application of the transformation of a variable $x = \cos\theta$ to the second equation in Eq. (d) gives

$$(1-x^2)\frac{d^2 g(x)}{dx^2} - 2x\frac{dg(x)}{dx} + [v(v+1) - \frac{\mu^2}{1-x^2}] g(x) = 0 \quad \text{(f)}$$

The equation (f) is called the Legendre's associated differential equation, and the two solutions independent of each other are given by

$$g(x) = \begin{pmatrix} P_v^\mu(x) \\ Q_v^\mu(x) \end{pmatrix} \quad \text{(g)}$$

The general solutions of the harmonic function in the spherical coordinate system are

$$\begin{pmatrix} r^v \\ r^{-(v+1)} \end{pmatrix} \begin{pmatrix} P_v(x) \\ Q_v(x) \end{pmatrix} \begin{pmatrix} 1 \\ \phi \end{pmatrix}, \quad \begin{pmatrix} r^v \\ r^{-(v+1)} \end{pmatrix} \begin{pmatrix} P_v^\mu(x) \\ Q_v^\mu(x) \end{pmatrix} \begin{pmatrix} \sin\mu\phi \\ \cos\mu\phi \end{pmatrix} \quad \text{(Answer)}$$

Chapter 5

[Solution 5.1]
We take
$$\chi = \chi^* + C_{10}x + C_{20}y + C_{30} \tag{a}$$

Substitution of Eq. (a) into Eqs. (5.33), (5.32) and (5.49) gives the governing equation
$$\nabla^4 \chi^* = -k\nabla^2 \tau \tag{b}$$

the stresses
$$\sigma_{xx} = \frac{\partial^2 \chi^*}{\partial y^2}, \quad \sigma_{yy} = \frac{\partial^2 \chi^*}{\partial x^2}, \quad \sigma_{xy} = -\frac{\partial^2 \chi^*}{\partial x \partial y} \tag{c}$$

and the boundary conditions
$$\chi^*(P_i) = 0, \quad \frac{\partial \chi^*(P_i)}{\partial n'} = 0 \qquad \text{on} \quad L_0 \tag{d}$$

Taking Eqs. (b), (c) and (d) into consideration, since the function $C_{10}x + C_{20}y + C_{30}$ does not appear in the governing equation, the stresses and the boundary conditions, the integration constants can be taken zero for a simply connected body.

[Solution 5.2]
We take
$$\chi = \chi^* + C_{10}x + C_{20}y + C_{30} \tag{a}$$

Substitution of Eq. (a) into Eqs. (5.33), (5.32) and (5.49) gives the governing equation
$$\nabla^4 \chi^* = -k\nabla^2 \tau \tag{b}$$

the stresses
$$\sigma_{xx} = \frac{\partial^2 \chi^*}{\partial y^2}, \quad \sigma_{yy} = \frac{\partial^2 \chi^*}{\partial x^2}, \quad \sigma_{xy} = -\frac{\partial^2 \chi^*}{\partial x \partial y} \tag{c}$$

and the boundary conditions

$$\chi^*(P_i) = 0, \quad \frac{\partial \chi^*(P_i)}{\partial n'} = 0 \qquad \text{on} \quad L_0$$

$$\chi^*(P_i) = (C_{1i} - C_{10})x + (C_{2i} - C_{20})y + (C_{3i} - C_{30})$$
$$\frac{\partial \chi^*(P_i)}{\partial n'} = (C_{1i} - C_{10})\cos(n', x) + (C_{2i} - C_{20})\cos(n', y) \qquad \text{on} \quad L_i \; (i = 1, 2, \cdots, n) \tag{d}$$

Equations (d) reduce to

$$\chi^*(P_i) = 0, \quad \frac{\partial \chi^*(P_i)}{\partial n'} = 0 \qquad \text{on} \quad L_0$$

$$\chi^*(P_i) = C_{1i}^* x + C_{2i}^* y + C_{3i}^*$$
$$\frac{\partial \chi^*(P_i)}{\partial n'} = C_{1i}^* \cos(n',x) + C_{2i}^* \cos(n',y) \qquad \text{on} \quad L_i (i=1,2,\cdots,n) \qquad \text{(e)}$$

Taking Eqs. (b), (c) and (d) into consideration, the integration constants on only one contour can be taken zero.

[Solution 5.3]
The temperature given by Eq. (3.35) is

$$T = T_a + (T_b - T_a)\frac{x}{l} \qquad (a)$$

Since the temperature (a) is one-dimensional, the thermal stress function satisfies the equation

$$\nabla^4 \chi = 0 \qquad (b)$$

The general solution is

$$\chi = A_0 + A_1 x + B_1 y + A_2 x^2 + B_2 y^2 + C_2 xy + A_3 x^3 + B_3 y^3 + C_3 x^2 y + D_3 xy^2 \qquad (c)$$

The thermal stress is

$$\sigma_{xx} = \frac{\partial^2 \chi}{\partial^2 y} = 2B_2 + 6B_3 y + 2D_3 x$$

$$\sigma_{yy} = \frac{\partial^2 \chi}{\partial x^2} = 2A_2 + 6A_3 x + 2C_3 y \qquad (d)$$

$$\sigma_{xy} = -\frac{\partial^2 \chi}{\partial x \partial y} = -C_2 - 2C_3 x - 2D_3 y$$

The boundary conditions are

$$\sigma_{xx} = 0, \quad \sigma_{xy} = 0 \qquad \text{on} \quad x=0,l \qquad (e)$$

The unknown coefficients can be determined as

$$B_2 = 0, \quad B_3 = 0, \quad D_3 = 0, \quad C_2 = 0, \quad C_3 = 0 \qquad (f)$$

From the condition of Eq. (c) $\lim\limits_{y \to \infty} \sigma_{yy} = 0$, we get

$$A_2 = 0, \quad A_3 = 0 \qquad (g)$$

Then, the thermal stress is not produced in the strip.

[Solution 5.4]

The temperature given by Eq. (3.34) is

$$T = T_a + (T_b - T_a) \frac{h_b(h_a x + \lambda)}{\lambda(h_a + h_b) + h_a h_b l} \quad (a)$$

Since the temperature (a) is one-dimensional, the thermal stress function satisfies the equation

$$\nabla^4 \chi = 0 \quad (b)$$

The general solution is

$$\chi = A_0 + A_1 x + B_1 y + A_2 x^2 + B_2 y^2 + C_2 xy + A_3 x^3 + B_3 y^3 + C_3 x^2 y + D_3 xy^2 \quad (c)$$

The thermal stress is

$$\sigma_{xx} = \frac{\partial^2 \chi}{\partial^2 y} = 2B_2 + 6B_3 y + 2D_3 x$$

$$\sigma_{yy} = \frac{\partial^2 \chi}{\partial x^2} = 2A_2 + 6A_3 x + 2C_3 y \quad (d)$$

$$\sigma_{xy} = -\frac{\partial^2 \chi}{\partial x \partial y} = -C_2 - 2C_3 x - 2D_3 y$$

The boundary conditions are

$$\sigma_{xx} = 0, \quad \sigma_{xy} = 0 \quad \text{on} \quad x = 0, l$$

$$\sigma_{xx} = 0, \quad \sigma_{xy} = 0 \quad \text{on} \quad y = 0, b \quad (e)$$

The unknown coefficients can be determined as

$$B_2 = 0, \ B_3 = 0, \ D_3 = 0, \ C_2 = 0, \ C_3 = 0, \ A_2 = 0, \ A_3 = 0 \quad (f)$$

Then, thermal stress is not produced in the rectangular body.

[Solution 5.5]

Thermal stress is not produced in the strip when the temperature is given by (3.35) due to the result given in Problem 5.3. The temperature given by Eq. (3.35) is

$$T = T_a + (T_b - T_a) \frac{x}{l} \quad (a)$$

A harmonic function ψ is expressed by Eq. (5.41) taking assuming that no thermal stress is taken into consideration:

$$\frac{\partial^2 \psi}{\partial x \partial y} = \nabla^2 \chi + \alpha^* E^* \tau = \alpha^* E^* \tau = \alpha^* E^* [T_a + (T_b - T_a) \frac{x}{l}] \quad (b)$$

The integration of Eq. (b) gives under the consideration of no thermal stress

$$\psi = A + Bx + Cy + \alpha^* E^* [T_a xy + (T_b - T_a)\frac{x^2 y}{2l}] \qquad (b)$$

Assuming that no thermal stress is taken into consideration, the displacements (5.44) reduce to

$$u_x = \frac{1}{2G(1+v^*)}\frac{\partial \psi}{\partial y} - c^* x$$
$$u_y = \frac{1}{2G(1+v^*)}\frac{\partial \psi}{\partial x} - c^* y \qquad (c)$$

Substitution of Eq. (b) into Eq. (d) gives

$$u_x = \frac{C}{E^*} - c^* x + \alpha^* [T_a x + (T_b - T_a)\frac{x^2}{2l}]$$
$$u_y = \frac{B}{E^*} - c^* y + \alpha^* [T_a y + (T_b - T_a)\frac{xy}{l}] \qquad \text{(Answer)}$$

[Solution 5.6]

The relationship for the displacement between the curvilinear coordinate system and the Cartesian coordinate system is given by Eq. (5.116):

$$u_\rho + i u_\theta = e^{-i\alpha}(u_x + i u_y) \qquad (a)$$

Substitution of Eq. (5.95) with $c^* = 0$ and (5.118) into Eq. (a) yields

$$u_\rho + i u_\theta = e^{-i\alpha}\frac{1}{2G}[\frac{3-v^*}{1+v^*}\varphi(z) - \overline{z\varphi'(z)} - \overline{\psi(z)} - (\frac{\partial \chi_p}{\partial x} + i\frac{\partial \chi_p}{\partial y})]$$

$$= \frac{1}{2G}\frac{\bar\zeta}{\rho}\frac{\overline{\omega'(\zeta)}}{|\omega'(\zeta)|}[\frac{3-v^*}{1+v^*}\phi(\zeta) - \frac{\omega(\zeta)}{\omega'(\zeta)}\overline{\phi'(\zeta)} - \overline{\Psi(\zeta)} - (\frac{\partial \chi_p}{\partial x} + i\frac{\partial \chi_p}{\partial y})]$$

Taking into consideration the relationship:

$$\frac{\partial}{\partial x} + i\frac{\partial}{\partial y} = (\frac{\partial}{\partial z}\frac{\partial z}{\partial x} + \frac{\partial}{\partial \bar z}\frac{\partial \bar z}{\partial x}) + i(\frac{\partial}{\partial z}\frac{\partial z}{\partial y} + \frac{\partial}{\partial \bar z}\frac{\partial \bar z}{\partial y}) = (\frac{\partial}{\partial z} + \frac{\partial}{\partial \bar z}) + i^2(\frac{\partial}{\partial z} - \frac{\partial}{\partial \bar z})$$

$$= 2\frac{\partial}{\partial \bar z} = 2\frac{\partial}{\partial \bar\zeta}\frac{d\bar\zeta}{d\bar z} = 2\frac{1}{\overline{\omega'(\zeta)}}\frac{\partial}{\partial \bar\zeta} = 2\frac{1}{\overline{\omega'(\zeta)}}(\frac{\partial \rho}{\partial \bar\zeta}\frac{\partial}{\partial \rho} + \frac{\partial \theta}{\partial \bar\zeta}\frac{\partial}{\partial \theta})$$

$$= 2\frac{1}{\overline{\omega'(\zeta)}}\{\frac{\partial}{\partial \rho}\frac{\partial \sqrt{\zeta\bar\zeta}}{\partial \bar\zeta} + \frac{\partial}{\partial \theta}\frac{\partial}{\partial \bar\zeta}[-\frac{i}{2}(\ln\zeta - \ln\bar\zeta)]\}$$

$$= \frac{1}{\overline{\omega'(\zeta)}}(\frac{\partial}{\partial \rho}\sqrt{\frac{\zeta}{\bar\zeta}} + i\frac{\partial}{\partial \theta}\frac{1}{\bar\zeta}) = \frac{e^{i\theta}}{\overline{\omega'(\zeta)}}(\frac{\partial}{\partial \rho} + i\frac{1}{\rho}\frac{\partial}{\partial \theta}) = \frac{\zeta}{\rho}\frac{1}{\overline{\omega'(\zeta)}}(\frac{\partial}{\partial \rho} + i\frac{1}{\rho}\frac{\partial}{\partial \theta})$$

we obtain the displacement:

$$u_\rho + iu_\theta = \frac{1}{2G} \frac{\zeta}{\rho} \frac{\overline{\omega'(\zeta)}}{|\omega'(\zeta)|} [\frac{3-v^*}{1+v^*}\phi(\zeta) - \frac{\omega(\zeta)}{\overline{\omega'(\zeta)}}\overline{\phi'(\zeta)} - \overline{\Psi(\zeta)}$$
$$-\frac{\zeta}{\rho}\frac{1}{\overline{\omega'(\zeta)}}(\frac{\partial}{\partial\rho} + i\frac{1}{\rho}\frac{\partial}{\partial\theta})\chi_p]$$ (Answer)

[Solution 5.7]
The relationship for the stress between the curvilinear coordinate system and the Cartesian coordinate system is given by Eq. (5.117):
$$\sigma_{\rho\rho} + \sigma_{\theta\theta} = \sigma_{xx} + \sigma_{yy}$$
$$\sigma_{\theta\theta} - \sigma_{\rho\rho} + 2i\sigma_{\theta\rho} = e^{2i\alpha}(\sigma_{yy} - \sigma_{xx} + 2i\sigma_{xy})$$ (a)

Substitution Eq. (5.93) into Eq. (a) yields
$$\sigma_{\rho\rho} + \sigma_{\theta\theta} = 4Re[\varphi'(z)] - \alpha^* E^* \tau$$
$$\sigma_{\theta\theta} - \sigma_{\rho\rho} + 2i\sigma_{\theta\rho} = e^{2i\alpha}\{2[\bar{z}\varphi''(z) + \psi'(z)] + (\frac{\partial}{\partial x} - i\frac{\partial}{\partial y})^2 \chi_p\}$$ (b)

By the transformation of the variable from z to ζ, Eq. (b) reduces to

$$\sigma_{\rho\rho} + \sigma_{\theta\theta} = 4Re[\frac{\phi'(\zeta)}{\omega'(\zeta)}] - \alpha^* E^* \tau$$
$$\sigma_{\theta\theta} - \sigma_{\rho\rho} + 2i\sigma_{\theta\rho} = \frac{\zeta^2}{\rho^2}\frac{\omega'(\zeta)}{\overline{\omega'(\zeta)}}\{2[\frac{\overline{\omega(\zeta)}}{\omega'(\zeta)}(\frac{\phi'(\zeta)}{\omega'(\zeta)})' + \frac{\Psi'(\zeta)}{\omega'(\zeta)}] + (\frac{\partial}{\partial x} - i\frac{\partial}{\partial y})^2 \chi_p\}$$ (c)

Taking into consideration of the relationship:
$$\frac{\partial}{\partial x} - i\frac{\partial}{\partial y} = (\frac{\partial}{\partial z}\frac{\partial z}{\partial x} + \frac{\partial}{\partial \bar{z}}\frac{\partial \bar{z}}{\partial x}) - i(\frac{\partial}{\partial z}\frac{\partial z}{\partial y} + \frac{\partial}{\partial \bar{z}}\frac{\partial \bar{z}}{\partial y}) = (\frac{\partial}{\partial z} + \frac{\partial}{\partial \bar{z}}) - i^2(\frac{\partial}{\partial z} - \frac{\partial}{\partial \bar{z}})$$
$$= 2\frac{\partial}{\partial z} = 2\frac{\partial}{\partial \zeta}\frac{d\zeta}{dz} = 2\frac{1}{\omega'(\zeta)}\frac{\partial}{\partial \zeta}$$
$$\therefore (\frac{\partial}{\partial x} - i\frac{\partial}{\partial y})^2 = 4\frac{1}{\omega'(\zeta)}\frac{\partial}{\partial \zeta}[\frac{1}{\omega'(\zeta)}\frac{\partial}{\partial \zeta}] = 4\frac{1}{\omega'(\zeta)}[\frac{1}{\omega'(\zeta)}\frac{\partial^2}{\partial \zeta^2} - \frac{\omega''(\zeta)}{[\omega'(\zeta)]^2}\frac{\partial}{\partial \zeta}]$$

we obtain the stress:
$$\sigma_{\rho\rho} + \sigma_{\theta\theta} = 4Re[\frac{\phi'(\zeta)}{\omega'(\zeta)}] - \alpha^* E^* \tau$$

$$\sigma_{\theta\theta} - \sigma_{\rho\rho} + 2i\sigma_{\theta\rho} = 2\frac{\zeta^2}{\rho^2}\frac{1}{\overline{\omega'(\zeta)}}\{\overline{\omega(\zeta)}[\frac{\phi'(\zeta)}{\omega'(\zeta)}]' + \Psi'(\zeta)\}$$
$$+ 4\frac{\zeta^2}{\rho^2}\frac{1}{\overline{\omega'(\zeta)}}[\frac{1}{\omega'(\zeta)}\frac{\partial^2 \chi_p}{\partial \zeta^2} - \frac{\omega''(\zeta)}{[\omega'(\zeta)]^2}\frac{\partial \chi_p}{\partial \zeta}]$$ (Answer)

[Solution 5.8]
Using Eqs. (5.124) and (5.127), the strain is expressed by

$$\varepsilon_{xx} = \varepsilon^c_{xx} + \Phi,_{xx}, \quad \varepsilon_{yy} = \varepsilon^c_{yy} + \Phi,_{yy}, \quad \varepsilon_{yx} = \varepsilon^c_{xy} + \Phi,_{xy} \tag{a}$$

From Eq. (5.27') and (a), we get

$$\sigma_{xx} = (\lambda^* + 2\mu)\varepsilon^c_{xx} + \lambda^*\varepsilon^c_{yy} - 2\mu\Phi,_{yy} + (\lambda^* + 2\mu)\nabla^2\Phi - \beta^*\tau$$
$$\sigma_{yy} = (\lambda^* + 2\mu)\varepsilon^c_{yy} + \lambda^*\varepsilon^c_{xx} - 2\mu\Phi,_{xx} + (\lambda^* + 2\mu)\nabla^2\Phi - \beta^*\tau \tag{b}$$
$$\sigma_{xy} = 2\mu\varepsilon^c_{xy} + 2\mu\Phi,_{xy}$$

Since the governing equation for the Goodier's thermoelastic potential function Φ is given by Eq. (5.128), Eq. (c) reduces to

$$\sigma_{xx} = (\lambda^* + 2\mu)\varepsilon^c_{xx} + \lambda^*\varepsilon^c_{yy} - 2\mu\Phi,_{yy} \equiv \sigma^c_{xx} - 2\mu\Phi,_{yy} = F,_{yy} - 2\mu\Phi,_{yy}$$
$$\sigma_{yy} = (\lambda^* + 2\mu)\varepsilon^c_{yy} + \lambda^*\varepsilon^c_{xx} - 2\mu\Phi,_{xx} \equiv \sigma^c_{yy} - 2\mu\Phi,_{xx} = F,_{xx} - 2\mu\Phi,_{xx} \tag{c}$$
$$\sigma_{xy} = 2\mu\varepsilon^c_{xy} + 2\mu\Phi,_{xy} \equiv \sigma^c_{xy} + 2\mu\Phi,_{xy} = -(F,_{xy} - 2\mu\Phi,_{xy})$$

Substitution of Eq. (c) into Eq. (a) in Example 5.1 gives

$$\frac{\partial^2(F,_{yy} - 2\mu\Phi,_{yy})}{\partial y^2} + 2\frac{\partial^2(F,_{xy} - 2\mu\Phi,_{xy})}{\partial x \partial y} + \frac{\partial^2(F,_{xx} - 2\mu\Phi,_{xx})}{\partial x^2}$$
$$-\nu^*[\frac{\partial^2(F,_{yy} - 2\mu\Phi,_{yy})}{\partial x^2} - 2\frac{\partial^2(F,_{xy} - 2\mu\Phi,_{xy})}{\partial x \partial y} + \frac{\partial^2(F,_{xx} - 2\mu\Phi,_{xx})}{\partial y^2}] = -\alpha^*E^*\nabla^2\tau$$

$$\therefore \quad \nabla^4 F - 2\mu\nabla^2(\nabla^2\Phi - \frac{\alpha^*E^*}{2\mu}\tau) = 0 \tag{d}$$

By the use of Eq. (5.128) Eq. (d) reduces to

$$\nabla^4 F = 0 \tag{e}$$

[Solution 5.9]
The displacement may be expressed from Eqs. (5.127) and (5.139)

$$u_x = \Phi,_x + \frac{3-\nu^*}{1+\nu^*}\phi_1 - x\phi_1,_x - y\phi_2,_x$$
$$u_y = \Phi,_y + \frac{3-\nu^*}{1+\nu^*}\phi_2 - x\phi_1,_y - y\phi_2,_y \tag{a}$$

Equation (a) gives the strains

$$\varepsilon_{xx} = \Phi,_{xx} + 2\frac{1-\nu^*}{1+\nu^*}\phi_1,_x - x\phi_1,_{xx} - y\phi_2,_{xx}$$
$$\varepsilon_{yy} = \Phi,_{yy} + 2\frac{1-\nu^*}{1+\nu^*}\phi_2,_y - x\phi_1,_{yy} - y\phi_2,_{yy}$$

$$\varepsilon_{xy} = \Phi,_{xy} + \frac{1-v^*}{1+v^*}(\phi_1,_y + \phi_2,_x) - x\phi_1,_{xy} - y\phi_2,_{xy} \qquad (b)$$

From Eq. (5.27') and (b), we get

$$\sigma_{xx} = (\lambda^* + 2\mu)(\Phi,_{xx} + 2\frac{1-v^*}{1+v^*}\phi_1,_x - x\phi_1,_{xx} - y\phi_2,_{xx})$$
$$+ \lambda^*(\Phi,_{yy} + 2\frac{1-v^*}{1+v^*}\phi_2,_y - x\phi_1,_{yy} - y\phi_2,_{yy}) - \beta^*\tau$$

$$\sigma_{yy} = (\lambda^* + 2\mu)(\Phi,_{yy} + 2\frac{1-v^*}{1+v^*}\phi_2,_y - x\phi_1,_{yy} - y\phi_2,_{yy}) \qquad (c)$$
$$+ \lambda^*(\Phi,_{xx} + 2\frac{1-v^*}{1+v^*}\phi_1,_x - x\phi_1,_{xx} - y\phi_2,_{xx}) - \beta^*\tau$$

$$\sigma_{xy} = 2\mu[\Phi,_{xy} + \frac{1-v^*}{1+v^*}(\phi_1,_y + \phi_2,_x) - x\phi_1,_{xy} - y\phi_2,_{xy}]$$

By the use of Eqs. (5.128) and (5.137), we can obtain

$$\sigma_{xx} = 2\mu(-\Phi,_{yy} - x\phi_1,_{xx} - y\phi_2,_{xx}) + 2\frac{1-v^*}{1+v^*}[(\lambda^* + 2\mu)\phi_1,_x + \lambda^*\phi_2,_y]$$

$$\sigma_{yy} = 2\mu(-\Phi,_{xx} - x\phi_1,_{yy} - y\phi_2,_{yy}) + 2\frac{1-v^*}{1+v^*}[(\lambda^* + 2\mu)\phi_2,_y + \lambda^*\phi_1,_x]$$

$$\sigma_{xy} = 2\mu[\Phi,_{xy} + \frac{1-v^*}{1+v^*}(\phi_1,_y + \phi_2,_x) - x\phi_1,_{xy} - y\phi_2,_{xy}]$$

Material constants for plane strain are

$$v^* = \frac{v}{1-v} \leftrightarrow v = \frac{v^*}{1+v^*}, \quad \lambda^* = \lambda = \frac{2v\mu}{1-2v} = \frac{2\mu v^*/(1+v^*)}{1-2v^*/(1+v^*)} = \frac{2\mu v^*}{1-v^*}$$

$$\frac{1-v^*}{1+v^*}(\lambda^* + 2\mu) = 2\mu\frac{1-v^*}{1+v^*}(\frac{v^*}{1-v^*} + 1) = 2\mu\frac{1}{1+v^*}$$

$$\frac{1-v^*}{1+v^*}\lambda^* = 2\mu\frac{1-v^*}{1+v^*}\frac{v^*}{1-v^*} = 2\mu\frac{v^*}{1+v^*}$$

and for plane stress

$$v^* = v, \quad \lambda^* = \frac{2\mu\lambda}{\lambda + 2\mu} = \frac{2\mu 2v\mu/(1-2v)}{2v\mu/(1-2v) + 2\mu} = \frac{2\mu v}{1-v} = \frac{2\mu v^*}{1-v^*}$$

$$\frac{1-v^*}{1+v^*}(\lambda^* + 2\mu) = 2\mu\frac{1-v^*}{1+v^*}(\frac{v^*}{1-v^*} + 1) = 2\mu\frac{1}{1+v^*}$$

$$\frac{1-v^*}{1+v^*}\lambda^* = 2\mu\frac{1-v^*}{1+v^*}\frac{v^*}{1-v^*} = 2\mu\frac{v^*}{1+v^*}$$

By the use of above equations and Eq. (5.137), we obtain

$$\sigma_{xx} = 2\mu[-\Phi,_{yy} + x\phi_1,_{yy} + y\phi_2,_{yy} + \frac{2}{1+\nu^*}(\phi_1,_x + \nu^*\phi_2,_y)]$$

$$\sigma_{yy} = 2\mu[-\Phi,_{xx} + x\phi_1,_{xx} + y\phi_2,_{xx} + \frac{2}{1+\nu^*}(\phi_2,_y + \nu^*\phi_1,_x)] \qquad \text{(Answer)}$$

$$\sigma_{xy} = 2\mu[\Phi,_{xy} - (x\phi_1 + y\phi_2),_{xy} + \frac{1-\nu^*}{1+\nu^*}(\phi_1,_y + \phi_2,_x)]$$

Chapter 6

[Solution 6.1]
The equations of equilibrium in the cylindrical coordinate system for the plane problem are

$$\frac{\partial \sigma_{rr}}{\partial r} + \frac{1}{r}\frac{\partial \sigma_{\theta r}}{\partial \theta} + \frac{\sigma_{rr} - \sigma_{\theta\theta}}{r} = 0$$

$$\frac{\partial \sigma_{r\theta}}{\partial r} + \frac{1}{r}\frac{\partial \sigma_{\theta\theta}}{\partial \theta} + 2\frac{\sigma_{r\theta}}{r} = 0$$
(a)

Substitution of Eq. (6.84) into Eq. (a) gives

$$\frac{\partial}{\partial r}(\frac{1}{r}\frac{\partial \chi}{\partial r} + \frac{1}{r^2}\frac{\partial^2 \chi}{\partial \theta^2}) - \frac{1}{r}\frac{\partial^2}{\partial r \partial \theta}(\frac{1}{r}\frac{\partial \chi}{\partial \theta}) + \frac{1}{r}(\frac{1}{r}\frac{\partial \chi}{\partial r} + \frac{1}{r^2}\frac{\partial^2 \chi}{\partial \theta^2} - \frac{\partial^2 \chi}{\partial r^2})$$

$$= -\frac{1}{r^2}\frac{\partial \chi}{\partial r} + \frac{1}{r}\frac{\partial^2 \chi}{\partial r^2} - \frac{2}{r^3}\frac{\partial^2 \chi}{\partial \theta^2} + \frac{1}{r^2}\frac{\partial^3 \chi}{\partial r \partial \theta^2} - \frac{1}{r}(-\frac{1}{r^2}\frac{\partial^2 \chi}{\partial \theta^2} + \frac{1}{r}\frac{\partial^3 \chi}{\partial r \partial \theta^2})$$

$$+ \frac{1}{r^2}\frac{\partial \chi}{\partial r} + \frac{1}{r^3}\frac{\partial^2 \chi}{\partial \theta^2} - \frac{1}{r}\frac{\partial^2 \chi}{\partial r^2} = 0$$

$$-\frac{\partial^2}{\partial r^2}(\frac{1}{r}\frac{\partial \chi}{\partial \theta}) + \frac{1}{r}\frac{\partial^3 \chi}{\partial r^2 \partial \theta} - \frac{2}{r}\frac{\partial}{\partial r}(\frac{1}{r}\frac{\partial \chi}{\partial \theta})$$

$$= -(\frac{2}{r^3}\frac{\partial \chi}{\partial \theta} - \frac{2}{r^2}\frac{\partial^2 \chi}{\partial r \partial \theta} + \frac{1}{r}\frac{\partial^3 \chi}{\partial r^2 \partial \theta}) + \frac{1}{r}\frac{\partial^3 \chi}{\partial r^2 \partial \theta} - \frac{2}{r}(-\frac{1}{r^2}\frac{\partial \chi}{\partial \theta} + \frac{1}{r}\frac{\partial^2 \chi}{\partial r \partial \theta}) = 0$$

The thermal stress function χ automatically satisfies the equations of equilibrium (a).

Next, we consider the compatibility equation:

$$2\frac{1}{r}\frac{\partial^2(r\varepsilon_{r\theta})}{\partial r \partial \theta} = \frac{1}{r^2}\frac{\partial^2 \varepsilon_{rr}}{\partial \theta^2} + \frac{1}{r}\frac{\partial^2(r\varepsilon_{\theta\theta})}{\partial r^2} - \frac{1}{r}\frac{\partial \varepsilon_{rr}}{\partial r}$$
(b)

The constitutive equations are

$$\varepsilon_{rr} = \frac{1}{2G}[\sigma_{rr} - \frac{v^*}{1+v^*}(\sigma_{rr} + \sigma_{\theta\theta}) + 2G\alpha^*\tau]$$

$$\varepsilon_{\theta\theta} = \frac{1}{2G}[\sigma_{\theta\theta} - \frac{v^*}{1+v^*}(\sigma_{rr} + \sigma_{\theta\theta}) + 2G\alpha^*\tau]$$
(c)

$$\varepsilon_{r\theta} = \frac{1}{2G}\sigma_{r\theta}$$

Substitution of Eq. (6.84) into Eq. (c) gives

$$\varepsilon_{rr} = \frac{1}{2G}[\frac{1}{r}\frac{\partial \chi}{\partial r} + \frac{1}{r^2}\frac{\partial^2 \chi}{\partial \theta^2} - \frac{v^*}{1+v^*}\nabla^2 \chi + 2G\alpha^*\tau]$$

$$\varepsilon_{\theta\theta} = \frac{1}{2G}[\frac{\partial^2 \chi}{\partial r^2} - \frac{v^*}{1+v^*}\nabla^2 \chi + 2G\alpha^*\tau]$$

$$\varepsilon_{r\theta} = -\frac{1}{2G}\frac{\partial}{\partial r}(\frac{1}{r}\frac{\partial \chi}{\partial \theta}) \tag{e}$$

where

$$\nabla^2 = \frac{\partial^2}{\partial r^2} + \frac{1}{r}\frac{\partial}{\partial r} + \frac{1}{r^2}\frac{\partial^2}{\partial \theta^2} \tag{f}$$

From Eq. (b) and Eq. (d) we have

$$CE \equiv 2\frac{1}{r}\frac{\partial^2(r\varepsilon_{r\theta})}{\partial r \partial \theta} - [\frac{1}{r^2}\frac{\partial^2 \varepsilon_{rr}}{\partial \theta^2} + \frac{1}{r}\frac{\partial^2(r\varepsilon_{\theta\theta})}{\partial r^2} - \frac{1}{r}\frac{\partial \varepsilon_{rr}}{\partial r}]$$

$$= 2\frac{1}{r^2}\frac{\partial^2}{\partial r \partial \theta}[-r\frac{\partial}{\partial r}(\frac{1}{r}\frac{\partial \chi}{\partial \theta})] - \frac{1}{r^2}\frac{\partial^2}{\partial \theta^2}[(\nabla^2 \chi - \frac{\partial^2 \chi}{\partial r^2}) - \frac{v^*}{1+v^*}\nabla^2\chi + 2G\alpha^*\tau]$$

$$-\frac{1}{r}\frac{\partial^2}{\partial r^2}[r\frac{\partial^2 \chi}{\partial r^2} - \frac{v^*}{1+v^*}r\nabla^2\chi + 2G\alpha^* r\tau] + \frac{1}{r}\frac{\partial}{\partial r}[(\nabla^2 \chi - \frac{\partial^2 \chi}{\partial r^2}) - \frac{v^*}{1+v^*}\nabla^2\chi + 2G\alpha^*\tau]$$

$$= -\frac{2}{r^4}\frac{\partial^2 \chi}{\partial \theta^2} + \frac{2}{r^3}\frac{\partial^3 \chi}{\partial r \partial \theta^2} - \frac{2}{r^2}\frac{\partial^4 \chi}{\partial r^2 \partial \theta^2} - (\frac{1}{r^2}\frac{\partial^2}{\partial \theta^2} - \frac{1}{r}\frac{\partial}{\partial r})\nabla^2\chi + \frac{1}{r^2}\frac{\partial^4 \chi}{\partial r^2 \partial \theta^2} - \frac{1}{r}\frac{\partial^2}{\partial r^2}(r\frac{\partial^2 \chi}{\partial r^2})$$

$$-\frac{1}{r}\frac{\partial^3 \chi}{\partial r^3} + \frac{v^*}{1+v^*}\nabla^2\nabla^2\chi - 2G\alpha^*\nabla^2\tau$$

$$= -(\frac{\partial^4}{\partial r^4} + \frac{3}{r^3}\frac{\partial}{\partial r} + \frac{2}{r^4}\frac{\partial^2}{\partial \theta^2} - \frac{2}{r^3}\frac{\partial^3 \chi}{\partial r \partial \theta^2} + \frac{2}{r^2}\frac{\partial^4 \chi}{\partial r^2 \partial \theta^2})\chi - (\frac{1}{r^2}\frac{\partial^2}{\partial \theta^2} - \frac{1}{r}\frac{\partial}{\partial r})\nabla^2\chi$$

$$+ \frac{v^*}{1+v^*}\nabla^2\nabla^2\chi - 2G\alpha^*\nabla^2\tau$$

On the other hand,

$$\nabla^2\nabla^2\chi = (\frac{\partial^2}{\partial r^2} + \frac{1}{r}\frac{\partial}{\partial r} + \frac{1}{r^2}\frac{\partial^2}{\partial \theta^2})\nabla^2\chi = (\frac{\partial^2}{\partial r^2} + \frac{2}{r}\frac{\partial}{\partial r})\nabla^2\chi + (\frac{1}{r^2}\frac{\partial^2}{\partial \theta^2} - \frac{1}{r}\frac{\partial}{\partial r})\nabla^2\chi$$

$$= (\frac{\partial^2}{\partial r^2} + \frac{2}{r}\frac{\partial}{\partial r})(\frac{\partial^2}{\partial r^2} + \frac{1}{r}\frac{\partial}{\partial r} + \frac{1}{r^2}\frac{\partial^2}{\partial \theta^2})\chi + (\frac{1}{r^2}\frac{\partial^2}{\partial \theta^2} - \frac{1}{r}\frac{\partial}{\partial r})\nabla^2\chi$$

$$= [\frac{\partial^4}{\partial r^4} + \frac{2}{r^3}\frac{\partial}{\partial r} - \frac{2}{r^2}\frac{\partial^2}{\partial r^2} + \frac{1}{r}\frac{\partial^3}{\partial r^3} + (\frac{6}{r^4}\frac{\partial^2}{\partial \theta^2} - \frac{4}{r^3}\frac{\partial^3}{\partial r \partial \theta^2} + \frac{1}{r^2}\frac{\partial^4}{\partial r^2 \partial \theta^2})$$

$$+ \frac{2}{r}\frac{\partial^3}{\partial r^3} - \frac{2}{r^3}\frac{\partial}{\partial r} + \frac{2}{r^2}\frac{\partial^2}{\partial r^2} - \frac{4}{r^4}\frac{\partial^2}{\partial \theta^2} + \frac{2}{r^3}\frac{\partial^3}{\partial r \partial \theta^2}]\chi + (\frac{1}{r^2}\frac{\partial^2}{\partial \theta^2} - \frac{1}{r}\frac{\partial}{\partial r})\nabla^2\chi$$

$$= (\frac{\partial^4}{\partial r^4} + \frac{3}{r}\frac{\partial^3}{\partial r^3} + \frac{2}{r^4}\frac{\partial^2}{\partial \theta^2} - \frac{2}{r^3}\frac{\partial^3 \chi}{\partial r \partial \theta^2} + \frac{1}{r^2}\frac{\partial^4 \chi}{\partial r^2 \partial \theta^2})\chi + (\frac{1}{r^2}\frac{\partial^2}{\partial \theta^2} - \frac{1}{r}\frac{\partial}{\partial r})\nabla^2\chi$$

$$CE = -\nabla^2\nabla^2\chi + \frac{v^*}{1+v^*}\nabla^2\nabla^2\chi - \frac{\alpha^* E^*}{1+v^*}\nabla^2\tau = -\frac{1}{1+v^*}\nabla^2\nabla^2\chi - \frac{\alpha^* E^*}{1+v^*}\nabla^2\tau = 0$$

$$\therefore \nabla^2\nabla^2\chi = -\alpha^* E^* \nabla^2\tau \tag{6.85}$$

[Solution 6.2]

When variables (n, ds, x_1, x_2) are rewritten with variables $(r, d\theta, r\cos\theta, r\sin\theta)$ in the cylindrical coordinate system, Eqs. (6.86) are obtained from Eq. (5.62) to Eq. (5.64).

[Solution 6.3]

A thermal stress function χ is

$$\chi = E_0 + F_0 \ln r + G_0 r^2 + H_0 r^2 \ln r$$
$$+ (E_1 r + F_1 r^{-1} + G_1 r^3 + H_1 r \ln r)\cos\theta + (E_1' r + F_1' r^{-1} + G_1' r^3 + H_1' r \ln r)\sin\theta$$
$$+ \sum_{n=2}^{\infty} [(E_n r^n + F_n r^{-n} + G_n r^{n+2} + H_n r^{-n+2})\cos n\theta$$
$$+ [E_n' r^n + F_n' r^{-n} + G_n' r^{n+2} + H_n' r^{-n+2})\sin n\theta]$$

The differentiation of Eq. (6.88) gives

$$\frac{\partial \chi}{\partial r} = F_0 r^{-1} + 2G_0 r + H_0 r(2\ln r + 1)$$
$$+ [E_1 - F_1 r^{-2} + 3G_1 r^2 + H_1(\ln r + 1)]\cos\theta + [E_1' - F_1' r^{-2} + 3G_1' r^2 + H_1'(\ln r + 1)]\sin\theta$$
$$+ \sum_{n=2}^{\infty} \{[nE_n r^{n-1} - nF_n r^{-n-1} + (n+2)G_n r^{n+1} - (n-2)H_n r^{-n+1}]\cos n\theta$$
$$+ [nE_n' r^{n-1} - nF_n' r^{-n-1} + (n+2)G_n' r^{n+1} - (n-2)H_n' r^{-n+1}]\sin n\theta\}$$

$$\frac{1}{r}\frac{\partial \chi}{\partial r} = F_0 r^{-2} + 2G_0 + H_0(2\ln r + 1)$$
$$+ [E_1 r^{-1} - F_1 r^{-3} + 3G_1 r + H_1 r^{-1}(\ln r + 1)]\cos\theta$$
$$+ [E_1' r^{-1} - F_1' r^{-3} + 3G_1' r + H_1' r^{-1}(\ln r + 1)]\sin\theta$$
$$+ \sum_{n=2}^{\infty} \{[nE_n r^{n-2} - nF_n r^{-n-2} + (n+2)G_n r^n - (n-2)H_n r^{-n}]\cos n\theta$$
$$+ [nE_n' r^{n-2} - nF_n' r^{-n-2} + (n+2)G_n' r^n - (n-2)H_n' r^{-n}]\sin n\theta\}$$

$$\frac{\partial^2 \chi}{\partial r^2} = -F_0 r^{-2} + 2G_0 + H_0(2\ln r + 3)$$
$$+ (2F_1 r^{-3} + 6G_1 r + H_1 r^{-1})\cos\theta + (2F_1' r^{-3} + 6G_1' r + H_1' \ln r^{-1})\sin\theta$$
$$+ \sum_{n=2}^{\infty} \{[n(n-1)E_n r^{n-2} + n(n+1)F_n r^{-n-2} + (n+1)(n+2)G_n r^n + (n-1)(n-2)H_n r^{-n}]\cos n\theta$$
$$+ [n(n-1)E_n' r^{n-2} + n(n+1)F_n' r^{-n-2} + (n+1)(n+2)G_n' r^n + (n-1)(n-2)H_n' r^{-n}]\sin n\theta\}$$

$$\frac{1}{r^2}\frac{\partial^2 \chi}{\partial \theta^2} =$$

$$-(E_1 r^{-1} + F_1 r^{-3} + G_1 r + H_1 r^{-1} \ln r)\cos\theta - (E_1' r^{-1} + F_1' r^{-3} + G_1' r + H_1' r^{-1} \ln r)\sin\theta$$

$$-\sum_{n=2}^{\infty} n^2 [(E_n r^{n-2} + F_n r^{-n-2} + G_n r^n + H_n r^{-n})\cos n\theta$$

$$+ (E_n' r^{n-2} + F_n' r^{-n-2} + G_n' r^{n2} + H_n' r^{-n})\sin n\theta]$$

$$\frac{\partial}{\partial r}(\frac{1}{r}\frac{\partial \chi}{\partial \theta}) =$$

$$-(-2F_1 r^{-3} + 2G_1 r + H_1 r^{-1})\sin\theta + (-2F_1' r^{-3} + 2G_1' r + H_1' r^{-1})\cos\theta$$

$$+ \sum_{n=2}^{\infty} n\{-[(n-1)E_n r^{n-2} - (n+1)F_n r^{-n-2} + (n+1)G_n r^n - (n-1)H_n r^{-n}]\sin n\theta$$

$$+ [(n-1)E_n' r^{n-2} - (n+1)F_n' r^{-n-2} + (n+1)G_n' r^n - (n-1)H_n' r^{-n}]\cos n\theta\}$$

Substitution of these equations into Eq. (6.84) gives the thermal stress components (6.89).

[Solution 6.4]
The equilibrium equation without the body forces for the cylindrical coordinate system (4.69) in the plane problem reduces to

$$\frac{\partial \sigma_{rr}}{\partial r} + \frac{1}{r}\frac{\partial \sigma_{\theta r}}{\partial \theta} + \frac{\sigma_{rr} - \sigma_{\theta\theta}}{r} = 0$$
$$\frac{\partial \sigma_{r\theta}}{\partial r} + \frac{1}{r}\frac{\partial \sigma_{\theta\theta}}{\partial \theta} + 2\frac{\sigma_{r\theta}}{r} = 0 \qquad (a)$$

The Hooke's law is

$$\sigma_{rr} = (\lambda^* + 2\mu)\varepsilon_{rr} + \lambda^*\varepsilon_{\theta\theta} - \beta^*\tau = (\lambda^* + 2\mu)(\varepsilon_{rr} + \varepsilon_{\theta\theta}) - 2\mu\varepsilon_{\theta\theta} - \beta^*\tau$$
$$\sigma_{\theta\theta} = (\lambda^* + 2\mu)\varepsilon_{\theta\theta} + \lambda^*\varepsilon_{rr} - \beta^*\tau = (\lambda^* + 2\mu)(\varepsilon_{rr} + \varepsilon_{\theta\theta}) - 2\mu\varepsilon_{rr} - \beta^*\tau \qquad (b)$$
$$\sigma_{r\theta} = 2\mu\varepsilon_{\theta r}$$

The components of strain and rotation are

$$\varepsilon_{rr} = \frac{\partial u_r}{\partial r}, \quad \varepsilon_{\theta\theta} = \frac{u_r}{r} + \frac{1}{r}\frac{\partial u_\theta}{\partial \theta}, \quad \varepsilon_{r\theta} = \frac{1}{2}(\frac{1}{r}\frac{\partial u_r}{\partial \theta} + \frac{\partial u_\theta}{\partial r} - \frac{u_\theta}{r}),$$
$$e = \frac{\partial u_r}{\partial r} + \frac{u_r}{r} + \frac{1}{r}\frac{\partial u_\theta}{\partial \theta}, \quad \omega = \frac{1}{2r}[\frac{\partial(ru_\theta)}{\partial r} - \frac{\partial u_r}{\partial \theta}] = \frac{1}{2}(\frac{u_\theta}{r} + \frac{\partial u_\theta}{\partial r} - \frac{1}{r}\frac{\partial u_r}{\partial \theta})$$
(c)

The shear strain may be written as

$$\varepsilon_{r\theta} = -\omega + \frac{\partial u_\theta}{\partial r} \qquad (d)$$

Substitution of Eq. (b) into Eq. (a) gives

$$(\lambda^* + 2\mu)\frac{\partial e}{\partial r} - 2\mu\frac{\partial \varepsilon_{\theta\theta}}{\partial r} - \beta^*\frac{\partial \tau}{\partial r} - 2\mu\frac{1}{r}\frac{\partial \omega}{\partial \theta} + 2\mu\frac{1}{r}\frac{\partial^2 u_\theta}{\partial r\partial \theta} + 2\mu\frac{\varepsilon_{rr} - \varepsilon_{\theta\theta}}{r} = 0$$

$$(\lambda^* + 2\mu)\frac{\partial e}{\partial r} - \frac{2\mu}{r}\frac{\partial \omega}{\partial \theta} - \beta^*\frac{\partial \tau}{\partial r}$$

$$- 2\mu(\frac{1}{r}\frac{\partial u_r}{\partial r} - \frac{u_r}{r^2} + \frac{1}{r}\frac{\partial^2 u_\theta}{\partial r\partial\theta} - \frac{1}{r^2}\frac{\partial u_\theta}{\partial \theta} - \frac{1}{r}\frac{\partial^2 u_\theta}{\partial r\partial\theta} - \frac{1}{r}\frac{\partial u_r}{\partial r} + \frac{u_r}{r^2} + \frac{1}{r^2}\frac{\partial u_\theta}{\partial \theta}) = 0$$

$$\therefore (\lambda^* + 2\mu)\frac{\partial e}{\partial r} - \frac{2\mu}{r}\frac{\partial \omega}{\partial \theta} = \beta^*\frac{\partial \tau}{\partial r} \qquad \text{(Answer)}$$

and

$$(\lambda^* + 2\mu)\frac{1}{r}\frac{\partial e}{\partial \theta} - 2\mu\frac{1}{r}\frac{\partial \varepsilon_{rr}}{\partial \theta} - \beta^*\frac{1}{r}\frac{\partial \tau}{\partial \theta} + 2\mu\frac{\partial \omega}{\partial r} - 2\mu\frac{\partial^2 u_\theta}{\partial r^2} + 4\mu(\frac{\partial \varepsilon_{r\theta}}{\partial r} + \frac{\varepsilon_{r\theta}}{r}) = 0$$

$$(\lambda^* + 2\mu)\frac{1}{r}\frac{\partial e}{\partial \theta} + 2\mu\frac{\partial \omega}{\partial r} - \beta^*\frac{1}{r}\frac{\partial \tau}{\partial \theta} - 2\mu[\frac{1}{r}\frac{\partial^2 u_r}{\partial r\partial\theta} + \frac{\partial^2 u_\theta}{\partial r^2}$$

$$(-\frac{1}{r^2}\frac{\partial u_r}{\partial \theta} + \frac{1}{r}\frac{\partial^2 u_r}{\partial r\partial\theta} + \frac{\partial^2 u_\theta}{\partial r^2} + \frac{u_\theta}{r^2} - \frac{1}{r}\frac{\partial \varepsilon_{r\theta}}{\partial r} + \frac{1}{r^2}\frac{\partial u_r}{\partial \theta} + \frac{1}{r}\frac{\partial \varepsilon_{r\theta}}{\partial \theta} + \frac{1}{r}\frac{\partial u_r}{\partial r} - \frac{u_\theta}{r^2})] = 0$$

$$\therefore (\lambda^* + 2\mu)\frac{1}{r}\frac{\partial e}{\partial \theta} + 2\mu\frac{\partial \omega}{\partial r} = \frac{\beta^*}{r}\frac{\partial \tau}{\partial \theta} \qquad \text{(Answer)}$$

[Solution 6.5]
We take

$$u_r = \frac{\partial \Phi}{\partial r} + \frac{\partial \varphi}{\partial r} + \frac{2}{r}\frac{\partial \vartheta}{\partial \theta}$$

$$u_\theta = \frac{1}{r}\frac{\partial \Phi}{\partial \theta} + \frac{1}{r}\frac{\partial \varphi}{\partial \theta} - 2\frac{\partial \vartheta}{\partial r}$$
(a)

The strain, the dilatation, and the rotation are

$$\varepsilon_{rr} = \frac{\partial^2 \Phi}{\partial r^2} + \frac{\partial^2 \varphi}{\partial r^2} + \frac{2}{r}\frac{\partial^2 \vartheta}{\partial r\partial\theta} - \frac{2}{r^2}\frac{\partial \vartheta}{\partial \theta}$$

$$\varepsilon_{\theta\theta} = \frac{1}{r}\frac{\partial \Phi}{\partial r} + \frac{1}{r^2}\frac{\partial^2 \Phi}{\partial \theta^2} + \frac{1}{r}\frac{\partial \varphi}{\partial r} + \frac{1}{r^2}\frac{\partial^2 \varphi}{\partial \theta^2} + \frac{2}{r^2}\frac{\partial \vartheta}{\partial \theta} - \frac{2}{r}\frac{\partial^2 \vartheta}{\partial r\partial\theta}$$
(b)

$$e = \nabla^2 \Phi + \nabla^2 \varphi$$

$$\omega = \frac{1}{2r}[\frac{\partial(r u_\theta)}{\partial r} - \frac{\partial u_r}{\partial \theta}]$$

$$= \frac{1}{2r}[\frac{\partial^2 \Phi}{\partial r\partial\theta} + \frac{\partial^2 \varphi}{\partial r\partial\theta} - 2\frac{\partial \vartheta}{\partial r} - 2r\frac{\partial^2 \vartheta}{\partial r^2} - \frac{\partial^2 \Phi}{\partial r\partial\theta} - \frac{\partial^2 \varphi}{\partial r\partial\theta} - \frac{2}{r}\frac{\partial^2 \vartheta}{\partial \theta^2}]$$

$$= -(\frac{\partial^2 \vartheta}{\partial r^2} + \frac{1}{r}\frac{\partial \vartheta}{\partial r} + \frac{1}{r^2}\frac{\partial^2 \vartheta}{\partial 6^2}) = -\nabla^2 \vartheta \quad \text{(c)}$$

The Navier's equation is

$$(\lambda^* + 2\mu)\frac{\partial e}{\partial r} - \frac{2\mu}{r}\frac{\partial \omega}{\partial 6} = \beta^* \frac{\partial \tau}{\partial r} \quad \text{(d)}$$

$$(\lambda^* + 2\mu)\frac{1}{r}\frac{\partial e}{\partial 6} + 2\mu\frac{\partial \omega}{\partial r} = \frac{\beta^*}{r}\frac{\partial \tau}{\partial 6} \quad \text{(e)}$$

From $\frac{\partial}{\partial r}[r \times (d)] + \frac{\partial}{\partial 6}[(e)]$ we get

$$(\lambda^* + 2\mu)[\frac{\partial}{\partial r}(r\frac{\partial e}{\partial r}) + \frac{1}{r}\frac{\partial^2 e}{\partial 6^2}] = \beta^*[\frac{\partial}{\partial r}(r\frac{\partial \tau}{\partial r}) + \frac{1}{r}\frac{\partial^2 \tau}{\partial 6^2}]$$

Simplification of the above equation yields

$$\nabla^2(e - \frac{\beta^*}{\lambda^* + 2\mu}\tau) = 0 \to \nabla^2(e - K\tau) = 0 \quad \text{(f)}$$

Calculating the operation of $\frac{\partial}{\partial r}[r \times (e)] - \frac{\partial}{\partial 6}[(d)]$ we get

$$2\mu[\frac{\partial}{\partial r}(r\frac{\partial \omega}{\partial r}) + \frac{1}{r}\frac{\partial^2 \omega}{\partial 6^2}] = 0 \to \nabla^2 \omega = 0 \quad \text{(g)}$$

Equations (f) and (g) are satisfied if we select

$$\nabla^2 \Phi = K\tau, \; \nabla^2 \varphi = 0, \; \nabla^2 \vartheta = 0 \quad \text{(h)}$$

[Solution 6.6]
The definition of Michell's function M is

$$M = -\int (\varphi + z\psi)dz \quad (6.108)$$

Application of the Laplacian to Eq. (6.108) gives

$$\nabla^2 M = -(\frac{\partial^2}{\partial r^2} + \frac{1}{r}\frac{\partial}{\partial r} + \frac{\partial^2}{\partial z^2})\int (\varphi + z\psi)dz$$

$$= -\int [(\frac{\partial^2}{\partial r^2} + \frac{1}{r}\frac{\partial}{\partial r})\varphi + z(\frac{\partial^2}{\partial r^2} + \frac{1}{r}\frac{\partial}{\partial r})\psi]dz - (\frac{\partial \varphi}{\partial z} + z\frac{\partial \psi}{\partial z} + \psi)$$

$$= \int (\frac{\partial^2 \varphi}{\partial z^2} + z\frac{\partial^2 \psi}{\partial z^2})dz - (\frac{\partial \varphi}{\partial z} + z\frac{\partial \psi}{\partial z} + \psi) = (\frac{\partial \varphi}{\partial z} + z\frac{\partial \psi}{\partial z} - \psi) - (\frac{\partial \varphi}{\partial z} + z\frac{\partial \psi}{\partial z} + \psi)$$

Because functions φ, ψ are harmonic function,

$$\therefore \quad \nabla^2 M = -2\psi \qquad (a)$$

Then

$$\nabla^2 \nabla^2 M = -2\nabla^2 \psi = 0 \qquad (6.110)$$

Substitution of Eq. (6.108) into Eq. (6.109) yields

$$u_r = \frac{\partial \Phi}{\partial r} - \frac{\partial^2 M}{\partial r \partial z} = \frac{\partial \Phi}{\partial r} + \frac{\partial^2}{\partial r \partial z}\int (\varphi + z\psi)dz = \frac{\partial \Phi}{\partial r} + \frac{\partial \varphi}{\partial r} + z\frac{\partial \psi}{\partial r}$$

$$u_z = \frac{\partial \Phi}{\partial z} + 2(1-v)\nabla^2 M - \frac{\partial^2 M}{\partial z^2} = \frac{\partial \Phi}{\partial z} - 4(1-v)\psi + (\frac{\partial \varphi}{\partial z} + z\frac{\partial \psi}{\partial z} + \psi) \qquad (6.105)$$

$$= \frac{\partial \Phi}{\partial z} + \frac{\partial \varphi}{\partial z} + z\frac{\partial \psi}{\partial z} - (3-4v)\psi$$

[Solution 6.7]

The strain is expressed by the Michell's function M

$$\varepsilon_{rr} = \frac{\partial u_r}{\partial r} = \frac{\partial^2 \Phi}{\partial r^2} - \frac{\partial^3 M}{\partial r^2 \partial z}$$

$$\varepsilon_{\theta\theta} = \frac{u_r}{r} = \frac{1}{r}\frac{\partial \Phi}{\partial r} - \frac{1}{r}\frac{\partial^2 M}{\partial r \partial z}$$

$$\varepsilon_{zz} = \frac{\partial u_z}{\partial z} = \frac{\partial^2 \Phi}{\partial z^2} + 2(1-v)\frac{\partial \nabla^2 M}{\partial z} - \frac{\partial^3 M}{\partial z^3}$$

$$\varepsilon_{rz} = \frac{\partial^2 \Phi}{\partial r \partial z} + (1-v)\frac{\partial \nabla^2 M}{\partial r} - \frac{\partial^3 M}{\partial r \partial z^2} \qquad (a)$$

$$e = \varepsilon_{rr} + \varepsilon_{\theta\theta} + \varepsilon_{zz} = \nabla^2 \Phi + (1-2v)\frac{\partial}{\partial z}\nabla^2 M = K\tau + (1-2v)\frac{\partial}{\partial z}\nabla^2 M$$

Eq. (6.101) reduces to

$$\sigma_{rr} = 2\mu\varepsilon_{rr} + \lambda e - \beta\tau = 2\mu(\frac{\partial^2 \Phi}{\partial r^2} - \frac{\partial^3 M}{\partial r^2 \partial z}) + \lambda[K\tau + (1-2v)\frac{\partial}{\partial z}\nabla^2 M] - \beta\tau$$

$$= 2G[\frac{\partial^2 \Phi}{\partial r^2} - K\tau + \frac{\partial}{\partial z}(v\nabla^2 M - \frac{\partial^2 M}{\partial r^2})]$$

$$\sigma_{\theta\theta} = 2\mu\varepsilon_{\theta\theta} + \lambda e - \beta\tau = 2\mu(\frac{1}{r}\frac{\partial \Phi}{\partial r} - \frac{1}{r}\frac{\partial^2 M}{\partial r \partial z}) + \lambda[K\tau + (1-2v)\frac{\partial}{\partial z}\nabla^2 M] - \beta\tau$$

$$= 2G[\frac{1}{r}\frac{\partial \Phi}{\partial r} - K\tau + \frac{\partial}{\partial z}(v\nabla^2 M - \frac{1}{r}\frac{\partial M}{\partial r})]$$

$$\sigma_{zz} = 2\mu\varepsilon_{zz} + \lambda e - \beta\tau$$
$$= 2\mu[\frac{\partial^2\Phi}{\partial z^2} + 2(1-v)\frac{\partial\nabla^2 M}{\partial z} - \frac{\partial^3 M}{\partial z^3}] + \lambda[K\tau + (1-2v)\frac{\partial}{\partial z}\nabla^2 M] - \beta\tau$$
$$= 2G[\frac{\partial^2\Phi}{\partial z^2} - K\tau + \frac{\partial}{\partial z}[(2-v)\nabla^2 M - \frac{\partial^2 M}{\partial z^2})]$$

$$\sigma_{rz} = 2G\varepsilon_{rz} = 2G\{\frac{\partial^2\Phi}{\partial r\partial z} + \frac{\partial}{\partial r}[(1-v)\nabla^2 M - \frac{\partial^2 M}{\partial z^2}]\} \quad (6.111)$$

$$\because \lambda K - \beta = \frac{\lambda\beta}{\lambda+2\mu} - \beta = -2\mu\frac{\beta}{\lambda+2\mu} = -2\mu K = -2GK$$

$$\lambda(1-2v) = \frac{2v\mu}{1-2v}(1-2v) = 2v\mu$$

[Solution 6.8]

The Michell's function M and the potential Φ are

$$M = \int_0^\infty [B(s)I_0(sr) + C(s)rI_1(sr)]\sin sz\,ds \quad (a)$$

$$\Phi = \frac{K}{2}\int_0^\infty A(s)\frac{r}{s}I_1(sr)\cos sz\,ds \quad (b)$$

Since the displacement, the strain, and the stress are expressed by Eq. (6.111), first we calculate integrals:

$$\frac{\partial M}{\partial r} = \int_0^\infty [B(s)sI_1(sr) + C(s)srI_0(sr)]\sin sz\,ds$$

$$\frac{1}{r}\frac{\partial M}{\partial r} = \int_0^\infty [B(s)\frac{s}{r}I_1(sr) + C(s)sI_0(sr)]\sin sz\,ds$$

$$\frac{\partial^2 M}{\partial r^2} = \int_0^\infty \{B(s)s[sI_0(sr) - \frac{1}{r}I_1(sr)] + C(s)s[I_0(sr) + srI_1(sr)]\}\sin sz\,ds$$

$$\frac{\partial^2 M}{\partial z^2} = -\int_0^\infty s^2[B(s)I_0(sr) + C(s)rI_1(sr)]\sin sz\,ds$$

$$\nabla^2 M = 2\int_0^\infty C(s)sI_0(sr)\sin sz\,ds$$

$$\frac{\partial\Phi}{\partial r} = \frac{K}{2}\int_0^\infty A(s)rI_0(sr)\cos sz\,ds$$

$$\frac{\partial^2\Phi}{\partial r^2} = \frac{K}{2}\int_0^\infty A(s)[I_0(sr) + rsI_1(sr)]\cos sz\,ds$$

(c)

The strain and the stress are

74

$$u_r = \frac{\partial \Phi}{\partial r} - \frac{\partial^2 M}{\partial r \partial z} = \int_0^\infty [\frac{K}{2} A(s) r I_0(sr) - s^2 B(s) I_1(sr) - s^2 C(s) r I_0(sr)] \cos sz \, ds$$

$$u_z = \frac{\partial \Phi}{\partial z} + 2(1-v)\nabla^2 M - \frac{\partial^2 M}{\partial z^2}$$

$$= \int_0^\infty \{-\frac{K}{2} A(s) r I_1(sr) + s^2 B(s) I_0(sr)$$

$$+ sC(s)[4(1-v)I_0(sr) + srI_1(sr)]\} \sin sz \, ds$$

$$\sigma_{rr} = 2G[\frac{\partial^2 \Phi}{\partial r^2} - K\tau + \frac{\partial}{\partial z}(v\nabla^2 M - \frac{\partial^2 M}{\partial r^2})]$$

$$= 2G\int_0^\infty \{-\frac{K}{2} A(s)[I_0(sr) - rI_1(sr)] + s^3 B(s)[\frac{1}{sr} I_1(sr) - I_0(sr)]$$

$$- s^2 C(s)[(1-2v)I_0(sr) + srI_1(sr)]\} \cos sz \, ds$$

$$\sigma_{\theta\theta} = 2G[\frac{1}{r}\frac{\partial^2 \Phi}{\partial r} - K\tau + \frac{\partial}{\partial z}(v\nabla^2 M - \frac{1}{r}\frac{\partial M}{\partial r})]$$

$$= -2G\int_0^\infty [\frac{K}{2} A(s) I_0(sr) + s^3 B(s)\frac{I_1(sr)}{sr} + s^2 C(s)(1-2v)I_0(sr)] \cos sz \, ds$$

$$\sigma_{zz} = 2G[\frac{\partial^2 \Phi}{\partial z^2} - K\tau + \frac{\partial}{\partial z}[(2-v)\nabla^2 M - \frac{\partial^2 M}{\partial z^2}]]$$

$$= 2G\int_0^\infty \{-KA(s)[I_0(sr) + \frac{1}{2}srI_1(sr)] + s^3 B(s) I_0(sr)$$

$$+ s^2 C(s)[2(2-v)I_0(sr) + srI_1(sr)]\} \cos sz \, ds$$

$$\sigma_{rz} = 2G\{\frac{\partial^2 \Phi}{\partial r \partial z} + \frac{\partial}{\partial r}[(1-v)\nabla^2 M - \frac{\partial^2 M}{\partial z^2}]\}$$

$$= 2G\int_0^\infty \{-\frac{K}{2} A(s) sr I_0(sr) + s^3 B(s) I_1(sr) \qquad (6.123)$$

$$+ s^2 C(s)[2(1-v)I_1(sr) + srI_0(sr)]\} \sin sz \, ds$$

[Solution 6.9]
The general solution of the bi-harmonic function M in the cylindrical coordinate system may be expressed as $M = M_c + M_p$ where M_c and M_p satisfy the equations

$$\nabla^2 M_c = 0, \quad \nabla^2 M_p = L, \quad \nabla^2 L = 0 \qquad (a)$$

Since two functions M_c and L are harmonic functions, the harmonic function may be expressed (see Eq. (4.82) and Problem 4.7) as

$$L(r, \theta, z) = f(r) g(\theta) h(z) \qquad (b)$$

where

$$f(r) = \begin{pmatrix} 1 \\ \ln r \end{pmatrix} \quad \text{for } n=a=0, \qquad f(r) = \begin{pmatrix} r^n \\ r^{-n} \end{pmatrix} \quad \text{for } n \neq 0, a=0$$

$$f(r) = \begin{pmatrix} I_n(ar) \\ K_n(ar) \end{pmatrix} \quad \text{for } a \neq 0$$

$$g(\theta) = \begin{pmatrix} 1 \\ \theta \end{pmatrix} \quad \text{for } n=0, \qquad g(\theta) = \begin{pmatrix} \sin n\theta \\ \cos n\theta \end{pmatrix} \quad \text{for } n \neq 0$$

$$h(z) = \begin{pmatrix} 1 \\ z \end{pmatrix} \quad \text{for } a=0, \qquad h(z) = \begin{pmatrix} \sin az \\ \cos az \end{pmatrix} \quad \text{for } a \neq 0 \tag{c}$$

in which functions $f(r)$, $g(\theta)$ and $h(z)$ satisfy the governing equations:

$$\frac{d^2 f(r)}{dr^2} + \frac{1}{r}\frac{df(r)}{dr} - \left(a^2 + \frac{n^2}{r^2}\right)f(r) = 0$$

$$\frac{d^2 g(\theta)}{d\theta^2} + n^2 g(\theta) = 0 \tag{d}$$

$$\frac{d^2 h(z)}{dz^2} + a^2 h(z) = 0$$

Next, we consider the particular solution M_p which satisfies the equation:

$$\nabla^2 M_p = f(r)g(\theta)h(z) \tag{e}$$

and the particular solution M_p is assumed to be expressed by the product of three functions, each of only one variable

Case 1 $\quad M_p(r,\theta,z) = F(r)g(\theta)h(z)$ \hfill (f)

Case 2 $\quad M_p(r,\theta,z) = f(r)G(\theta)h(z)$ \hfill (g)

Case 3 $\quad M_p(r,\theta,z) = f(r)g(\theta)H(z)$ \hfill (h)

[Case 1] Substitution of Eq. (f) into Eq. (e) gives

$$\frac{d^2 F(r)}{dr^2} + \frac{1}{r}\frac{dF(r)}{dr} - \left(a^2 + \frac{n^2}{r^2}\right)F(r) = f(r) \tag{i}$$

We get particular solution $F(r)$:

$$F(r) = \begin{pmatrix} r^2/4 \\ r^2(\ln r - 1)/4 \end{pmatrix} \quad \text{when } f(r) = \begin{pmatrix} 1 \\ \ln r \end{pmatrix} \quad \text{for } n=a=0,$$

$$F(r) = \begin{pmatrix} r^3/8 \\ r\ln r/2 \end{pmatrix} \quad \text{when } f(r) = \begin{pmatrix} r \\ r^{-1} \end{pmatrix} \quad \text{for } n=1, a=0,$$

$$F(r) = \begin{pmatrix} r^{n+2}/(4n+4) \\ -r^{-n+2}/(4n-4) \end{pmatrix} \quad \text{when} \quad f(r) = \begin{pmatrix} r^n \\ r^{-n} \end{pmatrix} \quad \text{for} \quad n \geq 2, a = 0,$$

$$F(r) = \begin{pmatrix} [arI_{n+1}(ar) + nI_n(ar)]/(2a^2) \\ [-arK_{n+1}(ar) + nK_n(ar)]/(2a^2) \end{pmatrix} \quad \text{when} \quad f(r) = \begin{pmatrix} I_n(ar) \\ K_n(ar) \end{pmatrix} \quad \text{for} \quad a \neq 0 \quad \text{(j)}$$

[Case 2] Substitution of Eq. (g) into Eq. (e) gives

$$\frac{d^2 G(\theta)}{d\theta^2} + n^2 G(\theta) = r^2 g(\theta) \tag{k}$$

The expression on the left-hand side in Eq. (k) is a function of θ. However, the expression on the right-hand side in Eq. (k) is a function of θ and r. Because of this, the assumption of Case 2 is not acceptable.

[Case 3] Substitution of Eq. (h) into Eq. (e) gives

$$\frac{d^2 H(z)}{dz^2} + a^2 H(z) = h(z) \tag{l}$$

We get a particular solution $H(z)$:

$$H(z) = \begin{pmatrix} z^2/2 \\ z^3/6 \end{pmatrix} \quad \text{when} \quad h(z) = \begin{pmatrix} 1 \\ z \end{pmatrix} \quad \text{for } a=0,$$

$$H(z) = \begin{pmatrix} z \sin az/(2a) \\ -z \cos az/(2a) \end{pmatrix} \quad \text{when} \quad h(z) = \begin{pmatrix} \cos az \\ \sin az \end{pmatrix} \quad \text{for } a \neq 0 \quad \text{(m)}$$

We consider the second case in which the harmonic function can be expressed (see Eq. (4.82) and Problem 4.7)

$$L(r, \theta, z) = f(r) g(\theta) h(z) \tag{n}$$

where

$$f(r) = \begin{pmatrix} 1 \\ \ln r \end{pmatrix} \quad \text{for } n=a=0, \qquad f(r) = \begin{pmatrix} r^n \\ r^{-n} \end{pmatrix} \quad \text{for } n \neq 0, a=0$$

$$f(r) = \begin{pmatrix} J_n(ar) \\ Y_n(ar) \end{pmatrix} \quad \text{for } a \neq 0$$

$$g(\theta) = \begin{pmatrix} 1 \\ \theta \end{pmatrix} \quad \text{for } n=0, \qquad g(\theta) = \begin{pmatrix} \sin n\theta \\ \cos n\theta \end{pmatrix} \quad \text{for } n \neq 0$$

$$h(z) = \begin{pmatrix} 1 \\ z \end{pmatrix} \quad \text{for } a=0, \qquad h(z) = \begin{pmatrix} e^{az} \\ e^{-az} \end{pmatrix} \quad \text{for } a \neq 0 \quad \text{(o)}$$

in which functions $f(r)$, $g(\theta)$, and $h(z)$ satisfy the governing equations:

$$\frac{d^2 f(r)}{dr^2} + \frac{1}{r}\frac{df(r)}{dr} + \left(a^2 - \frac{n^2}{r^2}\right)f(r) = 0$$

$$\frac{d^2 g(\theta)}{d\theta^2} + n^2 g(\theta) = 0 \tag{p}$$

$$\frac{d^2 h(z)}{dz^2} - a^2 h(z) = 0$$

By the use of the same method, we get

$$F(r) = \begin{pmatrix} [arJ_{n+1}(ar) - nJ_n(ar)]/(2a^2) \\ [arY_{n+1}(ar) - nY_n(ar)]/(2a^2) \end{pmatrix} \text{ when } f(r) = \begin{pmatrix} J_n(ar) \\ Y_n(ar) \end{pmatrix} \text{ for } a \neq 0 \tag{q}$$

$$H(z) = \begin{pmatrix} ze^{az}/(2a) \\ -ze^{-az}/(2a) \end{pmatrix} \text{ when } h(z) = \begin{pmatrix} e^{az} \\ e^{-az} \end{pmatrix} \text{ for } a \neq 0 \tag{r}$$

W may find the following function to be a bi-harmonic function:

$$\begin{pmatrix} 0 \\ r \end{pmatrix} \begin{pmatrix} \frac{1}{2}\theta\sin\theta \\ -\frac{1}{2}\theta\sin\theta \end{pmatrix} \begin{pmatrix} 1 \\ z \end{pmatrix} \tag{s}$$

Finally, combining the harmonic function and the particular solution M_p, we get the general solution of the bi-harmonic function:

$$\begin{pmatrix} 1 \\ \ln r \end{pmatrix}\begin{pmatrix} 1 \\ \theta \end{pmatrix}\begin{pmatrix} 1 \\ z \end{pmatrix}, \quad \begin{pmatrix} J_0(ar) \\ Y_0(ar) \end{pmatrix}\begin{pmatrix} 1 \\ \theta \end{pmatrix}\begin{pmatrix} e^{az} \\ e^{-az} \end{pmatrix}, \quad \begin{pmatrix} I_0(ar) \\ K_0(ar) \end{pmatrix}\begin{pmatrix} 1 \\ \theta \end{pmatrix}\begin{pmatrix} \sin az \\ \cos az \end{pmatrix}$$

$$\begin{pmatrix} r^n \\ r^{-n} \end{pmatrix}\begin{pmatrix} \sin n\theta \\ \cos n\theta \end{pmatrix}\begin{pmatrix} 1 \\ z \end{pmatrix}, \quad \begin{pmatrix} J_n(ar) \\ Y_n(ar) \end{pmatrix}\begin{pmatrix} \sin n\theta \\ \cos n\theta \end{pmatrix}\begin{pmatrix} e^{az} \\ e^{-az} \end{pmatrix}, \quad \begin{pmatrix} I_n(ar) \\ K_n(ar) \end{pmatrix}\begin{pmatrix} \sin n\theta \\ \cos n\theta \end{pmatrix}\begin{pmatrix} \sin az \\ \cos az \end{pmatrix}$$

$$\begin{pmatrix} r^2 \\ r^2 \ln r \end{pmatrix}\begin{pmatrix} 1 \\ \theta \end{pmatrix}\begin{pmatrix} 1 \\ z \end{pmatrix}, \quad \begin{pmatrix} 1 \\ \ln r \end{pmatrix}\begin{pmatrix} 1 \\ \theta \end{pmatrix}\begin{pmatrix} z^2 \\ z^3 \end{pmatrix}, \quad \begin{pmatrix} rJ_1(ar) \\ rY_1(ar) \end{pmatrix}\begin{pmatrix} 1 \\ \theta \end{pmatrix}\begin{pmatrix} e^{az} \\ e^{-az} \end{pmatrix},$$

$$\begin{pmatrix} J_0(ar) \\ Y_0(ar) \end{pmatrix}\begin{pmatrix} 1 \\ \theta \end{pmatrix}\begin{pmatrix} ze^{az} \\ ze^{-az} \end{pmatrix}, \quad \begin{pmatrix} rI_1(ar) \\ rK_1(ar) \end{pmatrix}\begin{pmatrix} 1 \\ \theta \end{pmatrix}\begin{pmatrix} \sin az \\ \cos az \end{pmatrix}, \quad \begin{pmatrix} I_0(ar) \\ K_0(ar) \end{pmatrix}\begin{pmatrix} 1 \\ \theta \end{pmatrix}\begin{pmatrix} z\sin az \\ z\cos az \end{pmatrix}$$

$$\begin{pmatrix} r\ln r \\ r^3 \end{pmatrix}\begin{pmatrix} \sin\theta \\ \cos\theta \end{pmatrix}\begin{pmatrix} 1 \\ z \end{pmatrix}, \quad \begin{pmatrix} 0 \\ r \end{pmatrix}\begin{pmatrix} \theta\sin\theta \\ \theta\cos\theta \end{pmatrix}\begin{pmatrix} 1 \\ z \end{pmatrix}, \quad \begin{pmatrix} r^{n+2} \\ r^{-n+2} \end{pmatrix}\begin{pmatrix} \sin n\theta \\ \cos n\theta \end{pmatrix}\begin{pmatrix} 1 \\ z \end{pmatrix},$$

$$\begin{pmatrix} r^n \\ r^{-n} \end{pmatrix}\begin{pmatrix} \sin n\theta \\ \cos n\theta \end{pmatrix}\begin{pmatrix} z^2 \\ z^3 \end{pmatrix}, \quad \begin{pmatrix} rJ_{n+1}(ar) \\ rY_{n+1}(ar) \end{pmatrix}\begin{pmatrix} \sin n\theta \\ \cos n\theta \end{pmatrix}\begin{pmatrix} e^{az} \\ e^{-az} \end{pmatrix}, \quad \begin{pmatrix} J_n(ar) \\ Y_n(ar) \end{pmatrix}\begin{pmatrix} \sin n\theta \\ \cos n\theta \end{pmatrix}\begin{pmatrix} ze^{az} \\ ze^{-az} \end{pmatrix},$$

$$\begin{pmatrix} rI_{n+1}(ar) \\ rK_{n+1}(ar) \end{pmatrix}\begin{pmatrix} \sin n\theta \\ \cos n\theta \end{pmatrix}\begin{pmatrix} \cos az \\ \sin az \end{pmatrix}, \quad \begin{pmatrix} I_n(ar) \\ K_n(ar) \end{pmatrix}\begin{pmatrix} \sin n\theta \\ \cos n\theta \end{pmatrix}\begin{pmatrix} z\cos az \\ z\sin az \end{pmatrix} \tag{Answer}$$

Chapter 7

[Solution 7.1]

The fundamental equation for the problem and the associated initial and boundary conditions are given by

$$\frac{\partial T}{\partial t} = \kappa\left(\frac{\partial^2 T}{\partial r^2} + \frac{2}{r}\frac{\partial T}{\partial r}\right), \tag{a}$$

$$t = 0 \; ; \; T = T_i, \tag{b}$$

$$r = a \; ; \; \lambda\frac{\partial T}{\partial r} = h_a(T - T_a) \tag{c}$$

Now, the following transformation of variable is introduced:

$$\Theta = rT \; , \; R = r - a \tag{d}$$

Then, it follows that

$$\frac{\partial T}{\partial t} = \frac{1}{r}\frac{\partial \Theta}{\partial t}, \quad \frac{\partial T}{\partial r} = \frac{1}{r}\frac{\partial \Theta}{\partial r} - \frac{\Theta}{r^2}, \quad \frac{\partial^2 T}{\partial r^2} = \frac{1}{r}\frac{\partial^2 \Theta}{\partial r^2} - \frac{2}{r^2}\frac{\partial \Theta}{\partial r} + \frac{2}{r^3}\Theta \tag{e}$$

Therefore, the fundamental equation (a) is changed into the form

$$\frac{\partial \Theta}{\partial t} = \kappa\frac{\partial^2 \Theta}{\partial r^2} \tag{a'}$$

and the associated initial and boundary conditions are changed into the following forms:

$$t = 0 \; ; \; \Theta = T_i r \tag{b'}$$

$$r = a \; ; \; \frac{\partial \Theta}{\partial r} - \left(\frac{1}{r} + \frac{h_a}{\lambda}\right)\Theta = -\frac{h_a}{\lambda}T_a r \tag{c'}$$

Furthermore, introducing the relation of $R = r - a$ into Eqs. (a') – (c'), it follows that

$$\frac{\partial \Theta}{\partial t} = \kappa\frac{\partial^2 \Theta}{\partial R^2} \tag{a''}$$

$$t = 0 \; ; \; \Theta = T_i(R + a) \tag{b''}$$

$$R = 0 \; ; \; \frac{\partial \Theta}{\partial R} - \left(\frac{1}{R+a} + \frac{h_a}{\lambda}\right)\Theta = -\frac{h_a}{\lambda}T_a(R + a) \tag{c''}$$

Now, applying the Laplace transform to Eq. (a''), we have

$$\frac{d^2\overline{\Theta}}{dR^2} - \frac{p}{\kappa}\overline{\Theta} = -\frac{1}{\kappa}T_i(R+a) \tag{f}$$

in which $\overline{\Theta}$ denotes an unknown function in the transformed domain, and p is the parameter of the Laplace transformation.

From Eq. (f), the solution $\overline{\Theta}$ is obtained as

$$\overline{\Theta} = Ce^{-\sqrt{p/\kappa}R} + \frac{1}{p}T_i(R+a) \tag{g}$$

where C is an unknown constant determined from the boundary condition (c"). Applying the Laplace transform to Eq. (c"), it follows that

$$\overline{\Theta} = \frac{h_a a}{\lambda}(T_a - T_i)\frac{1}{p(\sqrt{\frac{p}{\kappa}} + \frac{h_a}{\lambda} + \frac{1}{a})}e^{-\sqrt{p/\kappa}R} + \frac{1}{p}T_i(R+a) \tag{h}$$

Now, we apply the following inversion theorem to Eq. (h):

$$L^{-1}\left[\frac{e^{\sqrt{\frac{p}{\kappa}}x}}{p(\sqrt{\frac{p}{\kappa}} + \alpha)}\right] = \frac{1}{\alpha}erfc(\frac{x}{2\sqrt{\kappa t}}) - \frac{1}{\alpha}e^{\alpha x + \kappa t\alpha^2}erfc(\frac{x}{2\sqrt{\kappa t}} + \alpha\sqrt{\kappa t}) \tag{i}$$

Then it follows that

$$\Theta = \frac{h_a a}{\lambda}(T_a - T_i)(\frac{h_a}{\lambda} + \frac{1}{a})^{-1}\{erfc(\frac{R}{2\sqrt{\kappa t}}) - \exp[(\frac{h_a}{\lambda} + \frac{1}{a})R + \kappa t(\frac{h_a}{\lambda} + \frac{1}{a})^2]$$

$$\times erfc[\frac{R}{2\sqrt{\kappa t}} + (\frac{h_a}{\lambda} + \frac{1}{a})\sqrt{\kappa t}]\} + T_i(R+a) \tag{j}$$

$$\therefore \tau = T - T_i = \frac{h_a a}{\lambda + h_a a}\frac{a}{r}(T_a - T_i)\{erfc(\frac{r-a}{2\sqrt{\kappa t}}) - \exp[(\frac{h_a}{\lambda} + \frac{1}{a})(r-a) + \kappa t(\frac{h_a}{\lambda} + \frac{1}{a})^2]$$

$$\times erfc[\frac{r-a}{2\sqrt{\kappa t}} + (\frac{h_a}{\lambda} + \frac{1}{a})\sqrt{\kappa t}]\} \tag{k} \quad \text{(Answer)}$$

Next, the thermal displacement and the thermal stresses for the problem are represented by Eq. (7.30), namely

$$u_r = \frac{1+\nu}{1-\nu}\alpha\frac{1}{r^2}F(r,t),$$

$$\sigma_{rr} = -\frac{2\alpha E}{1-\nu}\frac{1}{r^3}F(r,t), \quad \sigma_{\theta\theta} = \sigma_{\phi\phi} = \frac{\alpha E}{1-\nu}[\frac{1}{r^3}F(r,t) - \tau(r,t)] \tag{l}$$

where

$$F(r,t) = \int_a^r \tau(r,t)r^2 dr \tag{m}$$

Now, we have to carry on the calculation of $F(r,t)$. Introducing the following relations

$$\tau(r,t) = T(r,t) - T_i, \quad r = R + a, \quad T(r,t) = \frac{1}{r}\Theta(R,t) = \frac{1}{R+a}\Theta(R,t) \quad (n)$$

it follows that

$$F(r,t) = \int_a^r \tau(r,t) r^2 dr = \int_0^{r-a} [\Theta(R,t) - T_i(R+a)](R+a)dR$$

$$= \frac{ah_a}{\lambda}(T_a - T_i)(\frac{h_a}{\lambda} + \frac{1}{a})^{-1} \int_0^{r-a} \{erfc(\frac{R}{2\sqrt{\kappa t}}) - \exp[(\frac{h_a}{\lambda} + \frac{1}{a})R + \kappa t(\frac{h_a}{\lambda} + \frac{1}{a})^2]$$

$$\times erfc[\frac{R}{2\sqrt{\kappa t}} + (\frac{h_a}{\lambda} + \frac{1}{a})\sqrt{\kappa t}]\}(R+a)dR$$

$$= \frac{ah_a}{\lambda}(T_a - T_i)(\frac{h_a}{\lambda} + \frac{1}{a})^{-1} \left\{ \int_0^{r-a} erfc(\frac{R}{2\sqrt{\kappa t}})RdR + a\int_0^{r-a} erfc(\frac{R}{2\sqrt{\kappa t}})dR \right.$$

$$- \exp[\kappa t(\frac{h_a}{\lambda} + \frac{1}{a})^2]\int_0^{r-a} \exp[(\frac{h_a}{\lambda} + \frac{1}{a})R] erfc[\frac{R}{2\sqrt{\kappa t}} + (\frac{h_a}{\lambda} + \frac{1}{a})\sqrt{\kappa t}]RdR$$

$$\left. - a\exp[\kappa t(\frac{h_a}{\lambda} + \frac{1}{a})^2]\int_0^{r-a} \exp[(\frac{h_a}{\lambda} + \frac{1}{a})R] erfc[\frac{R}{2\sqrt{\kappa t}} + (\frac{h_a}{\lambda} + \frac{1}{a})\sqrt{\kappa t}]dR \right\} \quad (o)$$

We have the following integrals:

$$\int_0^{r-a} erfc(\frac{R}{2\sqrt{\kappa t}})dR = (r-a)erfc(\frac{r-a}{2\sqrt{\kappa t}}) - \frac{2\sqrt{\kappa t}}{\sqrt{\pi}}\{\exp[-\frac{(r-a)^2}{4\kappa t}] - 1\},$$

$$\int_0^{r-a} erfc(\frac{R}{2\sqrt{\kappa t}})RdR = \frac{1}{2}(r-a)^2 erfc(\frac{r-a}{2\sqrt{\kappa t}}) - \frac{\sqrt{\kappa t}}{\sqrt{\pi}}(r-a)\exp[-\frac{(r-a)^2}{4\kappa t}]$$

$$+ \kappa t \, erf(\frac{r-a}{2\sqrt{\kappa t}})$$

$$\int_0^{r-a} \exp[(\frac{h_a}{\lambda} + \frac{1}{a})R] erfc[\frac{R}{2\sqrt{\kappa t}} + (\frac{h_a}{\lambda} + \frac{1}{a})\sqrt{\kappa t}]dR$$

$$= (\frac{h_a}{\lambda} + \frac{1}{a})^{-1} \left\{ \exp[(\frac{h_a}{\lambda} + \frac{1}{a})(r-a)] erfc[\frac{r-a}{2\sqrt{\kappa t}} + (\frac{h_a}{\lambda} + \frac{1}{a})\sqrt{\kappa t}] - erfc[(\frac{h_a}{\lambda} + \frac{1}{a})\sqrt{\kappa t}] \right.$$

$$\left. + \exp[-\kappa t(\frac{h_a}{\lambda} + \frac{1}{a})^2] erf(\frac{r-a}{2\sqrt{\kappa t}}) \right\},$$

$$\int_0^{r-a} \exp[(\frac{h_a}{\lambda} + \frac{1}{a})R] erfc[\frac{R}{2\sqrt{\kappa t}} + (\frac{h_a}{\lambda} + \frac{1}{a})\sqrt{\kappa t}]RdR$$

$$= (\frac{h_a}{\lambda} + \frac{1}{a})^{-2} \left\{ [(\frac{h_a}{\lambda} + \frac{1}{a})(r-a) - 1]\exp[(\frac{h_a}{\lambda} + \frac{1}{a})(r-a)] erfc[\frac{r-a}{2\sqrt{\kappa t}} + (\frac{h_a}{\lambda} + \frac{1}{a})\sqrt{\kappa t}] \right.$$

$$\left. + erfc[(\frac{h_a}{\lambda} + \frac{1}{a})\sqrt{\kappa t}] - \exp[-\kappa t(\frac{h_a}{\lambda} + \frac{1}{a})^2] erf(\frac{r-a}{2\sqrt{\kappa t}}) \right.$$

$$+\frac{2\sqrt{\kappa t}}{\sqrt{\pi}}(\frac{h_a}{\lambda}+\frac{1}{a})\exp[-\kappa t(\frac{h_a}{\lambda}+\frac{1}{a})^2]\{1-\exp[-\frac{(r-a)^2}{4\kappa t}]\}\Bigg\} \quad \text{(p)}$$

By the substitution of Eq. (p) into Eq. (0), it follows that

$$F(r,t) = \frac{ah_a}{\lambda}(T_a - T_i)(\frac{h_a}{\lambda}+\frac{1}{a})^{-1}$$

$$\times \Bigg(-(\frac{h_a}{\lambda}+\frac{1}{a})^{-2}[(\frac{h_a}{\lambda}+\frac{1}{a})r-1]\exp[(\frac{h_a}{\lambda}+\frac{1}{a})(r-a)+\kappa t(\frac{h_a}{\lambda}+\frac{1}{a})^2]$$

$$\times erfc[\frac{r-a}{2\sqrt{\kappa t}}+(\frac{h_a}{\lambda}+\frac{1}{a})\sqrt{\kappa t}]$$

$$+(\frac{h_a}{\lambda}+\frac{1}{a})^{-2}\frac{ah_a}{\lambda}\exp[\kappa t(\frac{h_a}{\lambda}+\frac{1}{a})^2]erfc[(\frac{h_a}{\lambda}+\frac{1}{a})\sqrt{\kappa t}]$$

$$+[2(\frac{h_a}{\lambda}+\frac{1}{a})^{-1}-(r+a)]\frac{\sqrt{\kappa t}}{\sqrt{\pi}}\exp[-\frac{(r-a)^2}{4\kappa t}]+[\kappa t-(\frac{h_a}{\lambda}+\frac{1}{a})^{-2}\frac{ah_a}{\lambda}]erf(\frac{r-a}{2\sqrt{\kappa t}})$$

$$+\frac{1}{2}(r^2-a^2)erfc(\frac{r-a}{2\sqrt{\kappa t}})+(\frac{h_a}{\lambda}+\frac{1}{a})^{-1}\frac{ah_a}{\lambda}\frac{2\sqrt{\kappa t}}{\sqrt{\pi}}\Bigg) \quad \text{(q)} \quad \text{(Answer)}$$

[Solution 7.2]

The heat source $F(\theta)$ is symmetrically distributed with respect to $x-y$ plane, therefore, $F(\theta)$ is represented as

$$F(\theta) = H[\frac{1}{2}(\pi+\alpha_0)-\theta]-H[\frac{1}{2}(\pi-\alpha_0)-\theta], \quad \text{(a)}$$

where $H(x)$ means the Heaviside function. Eqs. (c), (f) and (h) in Example 7.8 are applied. Namely,

$$F(\theta) = \sum_{n=0}^{\infty} f_n P_n(\mu), \quad \text{(b)}$$

If $F(\theta)$ is given by

$$F(\theta) = H(\theta_0 - \theta), \quad \mu_0 \equiv \cos\theta_0 \quad \text{(c)}$$

then the coefficients f_n are given by

$$f_n = \begin{cases} \dfrac{2n+1}{2n}\{\mu_0 P_n(\mu_0) - P_{n+1}(\mu_0)\}; & n \geq 1 \\ \dfrac{1}{2}(1-\mu_0); & n=0 \end{cases} \quad \text{(d)}$$

Now putting

$$\theta_1 = \frac{1}{2}(\pi + \alpha_0), \quad \mu_1 = \cos\theta_1 \; ; \quad \theta_2 = \frac{1}{2}(\pi - \alpha_0), \quad \mu_2 = \cos\theta_2 \quad \text{(e)}$$

we have

$$f_n = \frac{2n+1}{2n}\{\mu_1 P_n(\mu_1) - P_{n+1}(\mu_1)\} - \frac{2n+1}{2n}\{\mu_2 P_n(\mu_2) - P_{n+1}(\mu_2)\}$$

$$= \frac{2n+1}{2n}[\{\mu_1 P_n(\mu_1) - P_{n+1}(\mu_1)\} - \{\mu_2 P_n(\mu_2) - P_{n+1}(\mu_2)\}]; \quad n \geq 1 \quad \text{(Answer)}$$

$$f_0 = \frac{1}{2}(1-\mu_1) - \frac{1}{2}(1-\mu_2) = \frac{1}{2}(\mu_2 - \mu_1); \quad n = 0 \quad \text{(Answer)}$$

$$\mu_1 = \cos\theta_1 = \cos\{\frac{1}{2}(\pi+\alpha_0)\} = -\sin\frac{\alpha_0}{2}, \quad \mu_2 = \cos\theta_2 = \cos\{\frac{1}{2}(\pi-\alpha_0)\} = \sin\frac{\alpha_0}{2}$$

(Answer)

[Solution 7.3]

From Eq. (7.68), the unknown functions φ, ψ are given by

$$\varphi = \sum_{n=0}^{\infty} \{[C_{1,n} - (n-4+4v)D_{1,n-2}]r^n + [C_{2,n} - (n+5-4v)D_{2,n+2}]r^{-n-1}\}P_n(\mu),$$

$$\psi = \sum_{n=0}^{\infty} [(2n+1)D_{1,n-1}r^n + (2n+1)D_{2,n+1}r^{-n-1}]P_n(\mu) \quad \text{(a)}$$

From Appendix (C.41), the following relation is given:

$$\mu P_n(\mu) = \frac{1}{2n+1}[(n+1)P_{n+1}(\mu) + n P_{n-1}(\mu)] \quad \text{(b)}$$

Making use of Eq. (7.43), the displacement component u_r is given by

$$u_r = \frac{\partial\varphi}{\partial r} + \mu[r\frac{\partial\psi}{\partial r} - (3-4v)\psi] \quad \text{(c)}$$

Substituting Eqs. (a), (b) into (c), we have

$$u_r = \sum_{n=0}^{\infty} \{n[C_{1,n} - (n-4+4v)D_{1,n-2}]r^{n-1} - (n+1)[C_{2,n} - (n+5-4v)D_{2,n+2}]r^{-n-2}\}P_n(\mu)$$

$$+ \sum_{n=0}^{\infty} [(n-3+4v)(2n+1)D_{1,n-1}r^n - (n+4-4v)(2n+1)D_{2,n+1}r^{-n-1}]$$

$$\times \frac{1}{2n+1}[(n+1)P_{n+1}(\mu) + n P_{n-1}(\mu)]$$

$$= \sum_{n=0}^{\infty} [nC_{1,n}r^{n-1} - (n+1)C_{2,n}r^{-n-2}]P_n(\mu)$$

$$+ \sum_{n=0}^{\infty} [-n(n-4+4\nu)D_{1,n-2}r^{n-1} + (n+1)(n+5-4\nu)D_{2,n+2}r^{-n-2}]P_n(\mu)$$

$$+ \sum_{n=0}^{\infty} [(n-3+4\nu)(2n+1)D_{1,n-1}r^n - (n+4-4\nu)(2n+1)D_{2,n+1}r^{-n-1}]$$

$$\times \frac{1}{2n+1}[(n+1)P_{n+1}(\mu) + nP_{n-1}(\mu)] \tag{d}$$

Now,

$$-\sum_{n=0}^{\infty} n(n-4+4\nu)D_{1,n-2}r^{n-1}P_n(\mu) \qquad\qquad n-2 \to m$$

$$+\sum_{n=0}^{\infty} (n-3+4\nu)(2n+1)D_{1,n-1}r^n \frac{1}{2n+1}[(n+1)P_{n+1}(\mu) + nP_{n-1}(\mu)] \quad n-1 \to m$$

$$= -\sum_{m=-2}^{\infty} (m+2)(m-2+4\nu)D_{1,m}r^{m+1}P_{m+2}(\mu)$$

$$+\sum_{m=-1}^{\infty} (m-2+4\nu)D_{1,m}r^{m+1}[(m+2)P_{m+2}(\mu) + (m+1)P_m(\mu)]$$

$$= \sum_{m=-1}^{\infty} (m+1)(m-2+4\nu)D_{1,m}r^{m+1}P_m(\mu)] = \sum_{n=0}^{\infty} (n+1)(n-2+4\nu)D_{1,n}r^{n+1}P_n(\mu)] \tag{e}$$

Similarly,

$$\sum_{n=0}^{\infty} (n+1)(n+5-4\nu)D_{2,n+2}r^{-n-2}P_n(\mu) \qquad\qquad n+2 \to m$$

$$-\sum_{n=0}^{\infty} (n+4-4\nu)(2n+1)D_{2,n+1}r^{-n-1} \frac{1}{2n+1}[(n+1)P_{n+1}(\mu) + nP_{n-1}(\mu)] \quad n+1 \to m$$

$$= \sum_{m=+2}^{\infty} (m-1)(m+3-4\nu)D_{2,m}r^{-m}P_{m-2}(\mu)$$

$$-\sum_{m=+1}^{\infty} (m+3-4\nu)D_{2,m}r^{-m}[mP_m(\mu) + (m-1)P_{m-2}(\mu)]$$

$$= -\sum_{m=+1}^{\infty} m(m+3-4\nu)D_{2,m}r^{-m}P_m(\mu) = -\sum_{n=0}^{\infty} n(n+3-4\nu)D_{2,n}r^{-n}P_n(\mu) \tag{f}$$

Substituting Eqs. (e) and (f) into Eq. (d), we have

$$u_r = \sum_{n=0}^{\infty} [nC_{1,n}r^{n-1} - (n+1)C_{2,n}r^{-n-2} + (n+1)(n-2+4\nu)D_{1,n}r^{n+1}$$

$$- n(n+3-4\nu)D_{2,n}r^{-n}]P_n(\mu) \tag{Answer}$$

From Eq. (7.47), the stress component σ_{rr} in terms of φ, ψ is given by

$$\sigma_{rr} = 2G[\frac{\partial^2 \varphi}{\partial r^2} + \mu r \frac{\partial^2 \psi}{\partial r^2} - 2(1-\nu)\mu \frac{\partial \psi}{\partial r} - 2\nu \frac{1}{r}(1-\mu^2)\frac{\partial \psi}{\partial \mu}] \tag{g}$$

From Appendix (C.42),

$$(1-\mu^2)\frac{\partial P_n}{\partial \mu} = (n+1)[\mu P_n(\mu) - P_{n+1}(\mu)] \tag{h}$$

Substituting Eq. (a) into Eq. (g), we have

$$\sigma_{rr} = 2G\Bigg[\sum_{n=0}^{\infty} \{n(n-1)[C_{1,n} - (n-4+4\nu)D_{1,n-2}]r^{n-2}$$
$$+ (n+1)(n+2)[C_{2,n} - (n+5-4\nu)D_{2,n+2}]r^{-n-3}\}P_n(\mu)$$
$$+ \sum_{n=0}^{\infty} [n(n-1)(2n+1)D_{1,n-1}r^{n-1} + (n+1)(n+2)(2n+1)D_{2,n+1}r^{-n-2}]\mu P_n(\mu)$$
$$- 2(1-\nu)\sum_{n=0}^{\infty} [n(2n+1)D_{1,n-1}r^{n-1} - (n+1)(2n+1)D_{2,n+1}r^{-n-2}]\mu P_n(\mu)$$
$$- 2\nu \sum_{n=0}^{\infty} [(2n+1)D_{1,n-1}r^{n-1} + (2n+1)D_{2,n+1}r^{-n-2}](n+1)[\mu P_n(\mu) - P_{n+1}(\mu)] \Bigg]$$

$$= 2G\Bigg[\sum_{n=0}^{\infty} [n(n-1)C_{1,n}r^{n-2} + (n+1)(n+2)C_{2,n}r^{-n-3}]P_n(\mu)$$
$$+ \sum_{n=0}^{\infty} [-n(n-1)(n-4+4\nu)D_{1,n-2}r^{n-2} - (n+1)(n+2)(n+5-4\nu)D_{2,n+2}r^{-n-3}]P_n(\mu)$$
$$+ \sum_{n=0}^{\infty} [n(2n+1)(n-3+2\nu)D_{1,n-1}r^{n-1} + (n+1)(2n+1)(n+4-2\nu)D_{2,n+1}r^{-n-2}]\mu P_n(\mu)$$
$$- 2\nu \sum_{n=0}^{\infty} [(2n+1)D_{1,n-1}r^{n-1} + (2n+1)D_{2,n+1}r^{-n-2}](n+1)[\mu P_n(\mu) - P_{n+1}(\mu)] \Bigg] \tag{i}$$

Now,

$$-\sum_{n=0}^{\infty} n(n-1)(n-4+4\nu)D_{1,n-2}r^{n-2}P_n(\mu) \qquad\qquad n-2 \to m$$

$$+\sum_{n=0}^{\infty} n(2n+1)(n-3+2\nu)D_{1,n-1}r^{n-1}\mu P_n(\mu) \qquad\qquad n-1 \to m$$

$$-\sum_{n=0}^{\infty} 2\nu(n+1)(2n+1)D_{1,n-1}r^{n-1}[\mu P_n(\mu) - P_{n+1}(\mu)]$$

$$= -\sum_{m=-2}^{\infty} (m+2)(m+1)(m-2+4\nu)D_{1,m}r^m P_{m+2}(\mu)$$

$$+ \sum_{m=-1}^{\infty} (m+1)(2m+3)(m-2+2\nu)D_{1,m}r^m \mu P_{m+1}(\mu)$$

$$-\sum_{m=-1}^{\infty} 2\nu(m+2)(2m+3)D_{1,m}r^m[\mu P_{m+1}(\mu) - P_{m+2}(\mu)]$$

$$= -\sum_{m=-1}^{\infty} [(m+1)(m-2) - 2\nu]D_{1,m}r^m[(m+2)P_{m+2}(\mu) - (2m+3)\mu P_{m+1}(\mu)]$$

$$= \sum_{m=-1}^{\infty} (m+1)[(m+1)(m-2) - 2\nu]D_{1,m}r^m P_m(\mu)$$

$$= \sum_{n=0}^{\infty} (n+1)[(n+1)(n-2) - 2\nu]D_{1,n}r^n P_n(\mu) \qquad (j)$$

Similarly,

$$S = -\sum_{n=0}^{\infty} (n+1)(n+2)(n+5-4\nu)D_{2,n+2}r^{-n-3}P_n(\mu) \qquad n+2 \to m$$

$$+ \sum_{n=0}^{\infty} (n+1)(2n+1)(n+4-2\nu)D_{2,n+1}r^{-n-2}\mu P_n(\mu) \qquad n+1 \to m$$

$$- \sum_{n=0}^{\infty} 2\nu(n+1)(2n+1)D_{2,n+1}r^{-n-2}[\mu P_n(\mu) - P_{n+1}(\mu)]$$

$$= -\sum_{m=+2}^{\infty} m(m-1)(m+3-4\nu)D_{2,m}r^{-m-1}P_{m-2}(\mu)$$

$$+ \sum_{m=+1}^{\infty} m(2m-1)(m+3-2\nu)D_{2,m}r^{-m-1}\mu P_{m-1}(\mu)$$

$$- \sum_{m=+1}^{\infty} 2\nu m(2m-1)D_{2,m}r^{-m-1}[\mu P_{m-1}(\mu) - P_m(\mu)] \qquad (k)$$

From Eq. (b), we have

$$(m-1)P_{m-2}(\mu) = (2m-1)\mu P_{m-1}(\mu) - mP_m(\mu) \qquad (l)$$

Substituting Eq. (l) into Eq. (k), we have

$$S = -\sum_{m=+2}^{\infty} m(m+3-4\nu)D_{2,m}r^{-m-1}[(2m-1)\mu P_{m-1}(\mu) - mP_m(\mu)]$$

$$+ \sum_{m=+1}^{\infty} m(2m-1)(m+3-2\nu)D_{2,m}r^{-m-1}\mu P_{m-1}(\mu)$$

$$- \sum_{m=+1}^{\infty} 2\nu m(2m-1)D_{2,m}r^{-m-1}[\mu P_{m-1}(\mu) - P_m(\mu)]$$

$$= \sum_{m=+1}^{\infty} m[m(m+3) - 2\nu]D_{2,m}r^{-m-1}P_m(\mu) = \sum_{n=0}^{\infty} n[n(n+3) - 2\nu]D_{2,n}r^{-n-1}P_n(\mu) \quad (m)$$

Substituting Eqs. (j),(m) into Eq. (i), we have

$$\sigma_{rr} = 2G\sum_{n=0}^{\infty} [n(n-1)C_{1,n}r^{n-2} + (n+1)(n+2)C_{2,n}r^{-n-3}$$

$$+ (n+1)(n^2 - n - 2 - 2\nu)D_{1,n}r^n + n(n^2 + 3n - 2\nu)D_{2,n}r^{-n-1}]P_n(\mu) \qquad \text{(Answer)}$$

[Solution 7.4]

Boundary conditions for a hollow sphere are given as

$$r = a,b \ ; \ \sigma_{rr} = 0, \ \sigma_{r\theta} = 0 \qquad \text{(a)}$$

Making use of the expressions (7.85) for these stress components, the boundary conditions are given as follows:

1) $r = a,b \ ; \ \sigma_{rr} = 0$

$$\sum_{n=0}^{\infty} [n(n-1)C_{1,n}r^{n-2} + (n+1)(n+2)C_{2,n}r^{-n-3}$$

$$+ (n+1)(n^2 - n - 2 - 2\nu)D_{1,n}r^n + n(n^2 + 3n - 2\nu)D_{2,n}r^{-n-1}]P_n(\mu)$$

$$+ K\{\frac{2}{3}T_i + \sum_{n=0}^{\infty} [\frac{n^2 - n - 4}{2(2n+3)}A_n r^n - \frac{n^2 + 3n - 2}{2(2n-1)}B_n r^{-n-1}]P_n(\mu)\} = 0\Big|_{r=a,b} \qquad \text{(b)}$$

2) $r = a,b \ ; \ \sigma_{r\theta} = 0$

$$\sum_{n=1}^{\infty} [(n-1)C_{1,n}r^{n-2} - (n+2)C_{2,n}r^{-n-3} + (n^2 + 2n - 1 + 2\nu)D_{1,n}r^n$$

$$- (n^2 - 2 + 2\nu)D_{2,n}r^{-n-1}]\frac{n+1}{1-\mu^2}[\mu P_n(\mu) - P_{n+1}(\mu)]$$

$$+ K\sum_{n=0}^{\infty} [\frac{n+1}{2(2n+3)}A_n r^n + \frac{n}{2(2n-1)}B_n r^{-n-1}]\frac{n+1}{1-\mu^2}[\mu P_n(\mu) - P_{n+1}(\mu)] = 0\Big|_{r=a,b} \qquad \text{(c)}$$

a) For the case of $n = 0$
From Eq. (b), the following relation is obtained:

$$C_{2,0}\frac{1}{r^3} - (1+\nu)D_{1,0} = \frac{1}{2}K[\frac{2}{3}(A_0 - T_i) + B_0\frac{1}{r}]\Big|_{r=a,b} \qquad \text{(d)}$$

Then, Eq. (d) is shown as

$$\begin{pmatrix} \frac{1}{a^3}, & -1 \\ \frac{1}{b^3}, & -1 \end{pmatrix} \begin{pmatrix} C_{2,0} \\ (1+\nu)D_{1,0} \end{pmatrix} = \frac{1}{2}K \begin{pmatrix} \frac{2}{3}(A_0 - T_i) + \frac{1}{a}B_0 \\ \frac{2}{3}(A_0 - T_i) + \frac{1}{b}B_0 \end{pmatrix} \qquad \text{(e)}$$

Therefore, $C_{2,0}, D_{1,0}$ are

$$C_{2,0} = \frac{1}{2}K\frac{a^2b^2}{a^2+ab+b^2}B_0, \quad D_{1,0} = -\frac{1}{2}\frac{K}{1+v}[\frac{2}{3}(A_0-T_i)+\frac{b+a}{b^2+ab+a^2}B_0] \quad \text{(Answer)}$$

b) For the case of $n=1$

From Eq. (b) and (c), the following relations are obtained:

$$6C_{2,1}\frac{1}{r^4} - 4(1+v)D_{1,1}r + 2(2-v)D_{2,1}\frac{1}{r^2} = K[\frac{2}{5}A_1r + B_1\frac{1}{r^2}]\Big|_{r=a,b} \quad \text{(f)}$$

$$3C_{2,1}\frac{1}{r^4} - 2(1+v)D_{1,1}r - (1-2v)D_{2,1}\frac{1}{r^2} = K[\frac{1}{5}A_1r + \frac{1}{2}B_1\frac{1}{r^2}]\Big|_{r=a,b} \quad \text{(g)}$$

From Eqs. (f) and (g), we get

$$D_{2,1}\frac{1}{r^2} = 0\Big|_{r=a,b}, \quad \therefore D_{2,1} = 0 \quad \text{(Ans.)} \quad \text{(h)}$$

Substituting Eq. (h) into Eq. (g), the simultaneous equations for $C_{2,1}, D_{1,1}$ can be obtained, and they are shown as

$$\begin{pmatrix} \frac{1}{a^4}, & -a \\ \frac{1}{b^4}, & -b \end{pmatrix} \begin{pmatrix} 3C_{2,1} \\ 2(1+v)D_{1,1} \end{pmatrix} = K \begin{pmatrix} \frac{1}{5}A_1a + \frac{1}{2a^2}B_1 \\ \frac{1}{5}A_1b + \frac{1}{2b^2}B_1 \end{pmatrix} \quad \text{(i)}$$

Therefore, $C_{2,1}, D_{1,1}$ are determined by

$$C_{2,1} = \frac{1}{6}K\frac{a^2b^2(b^3-a^3)}{b^5-a^5}B_1, \quad D_{1,1} = -\frac{1}{2}\frac{K}{1+v}[\frac{1}{5}A_1 + \frac{1}{2}\frac{b^2-a^2}{b^5-a^5}B_1] \quad \text{(j)} \quad \text{(Answer)}$$

[Solution 7.5]

The temperature change from Eq. (7.74) is

$$\tau = -T_i + \sum_{n=0}^{\infty} A_n r^n P_n(\mu) = (A_0-T_i) + \sum_{n=1}^{\infty} A_n r^n P_n(\mu) \quad (7.74)$$

The fundamental equation for the thermoelastic displacement Φ given by Eq. (7.44) reduces to by the use of Eq. (7.74)

$$\frac{\partial^2 \Phi}{\partial r^2} + \frac{2}{r}\frac{\partial \Phi}{\partial r} + \frac{1}{r^2}\frac{\partial}{\partial \mu}[(1-\mu^2)\frac{\partial \Phi}{\partial \mu}] = K[(A_0-T_i) + \sum_{n=1}^{\infty} A_n r^n P_n(\mu)] \quad \text{(a)}$$

To solve Eq. (a), we now assume that Φ is given in the form

$$\Phi = \sum_{n=0}^{\infty} F_n(r) P_n(\mu) \qquad (b)$$

Substituting Eq. (b) into Eq. (a), we have

$$\sum_{n=0}^{\infty} \{P_n(\mu)(\frac{d^2 F_n}{dr^2} + \frac{2}{r}\frac{dF_n}{dr}) + F_n \frac{1}{r^2}\frac{d}{d\mu}[(1-\mu^2)\frac{dP_n}{d\mu}]\} = K[(A_0 - T_i) + \sum_{n=1}^{\infty} A_n r^n P_n(\mu)] \qquad (c)$$

Now, making use of the relations of Appendix (C.48), (C.49), we have

$$\frac{d}{d\mu}[(1-\mu^2)\frac{dP_n}{d\mu}] = \frac{d}{d\mu}\{(n+1)[\mu P_n(\mu) - P_{n+1}(\mu)]\} = -n(n+1)P_n(\mu) \qquad (d)$$

Then, Eq. (c) is rewritten as

$$\sum_{n=0}^{\infty} [\frac{d^2 F_n}{dr^2} + \frac{2}{r}\frac{dF_n}{dr} - \frac{n(n+1)}{r^2} F_n] P_n(\mu) = K[(A_0 - T_i) + \sum_{n=1}^{\infty} A_n r^n P_n(\mu)] \qquad (e)$$

From Eq. (e), the following equations are derived:

$$\frac{d^2 F_0}{dr^2} + \frac{2}{r}\frac{dF_0}{dr} = K(A_0 - T_i) \quad ; \quad n = 0 \qquad (f)$$

$$\frac{d^2 F_n}{dr^2} + \frac{2}{r}\frac{dF_n}{dr} - \frac{n(n+1)}{r^2} F_n = KA_n r^n \quad ; \quad n \geq 1 \qquad (g)$$

From Eq. (f), the solution can be obtained by the successive integrations. Namely,

$$\frac{1}{r^2}\frac{d}{dr}(r^2 \frac{dF_0}{dr}) = K(A_0 - T_i), \quad \therefore \quad r^2 \frac{dF_0}{dr} = \frac{1}{3} r^3 K(A_0 - T_i),$$

$$\therefore \quad F_0 = \frac{1}{6} r^2 K(A_0 - T_i) \quad ; \quad n = 0 \qquad (h) \qquad \text{(Answer)}$$

For the case of $n \geq 1$, Eq. (g) may be solved by making use of a wronskian. Namely, the solution of the homogeneous equation associated with Eq. (g) is given by

$$F_n(r) = r^n, \quad r^{-n-1} \qquad (i)$$

Now, putting

$$u_1 = r^n, \quad u_2 = r^{-n-1}, \quad R = KA_n r^n \qquad (j)$$

wronskian W is calculated as

$$W = \begin{vmatrix} r^n, & r^{-n-1} \\ nr^{n-1}, & -(n+1)r^{-n-2} \end{vmatrix} = -(2n+1)r^{-2}$$

$$\frac{dC_1}{dr} = -\frac{Ru_2}{W} = \frac{r^2}{2n+1} r^{-n-1} KA_n r^n = \frac{1}{2n+1} KA_n r, \quad \therefore \quad C_1 = \frac{1}{2(2n+1)} KA_n r^2$$

$$\frac{dC_2}{dr} = \frac{Ru_1}{W} = -\frac{r^2}{2n+1} r^n KA_n r^n = -\frac{1}{2n+1} KA_n r^{2n+2}$$

$$\therefore \quad C_2 = -\frac{1}{(2n+1)(2n+3)} KA_n r^{2n+3}$$

$$\therefore \quad F_n = C_1 u_1 + C_2 u_2 = \frac{1}{2(2n+1)} KA_n r^{n+2} - \frac{1}{(2n+1)(2n+3)} KA_n r^{n+2}$$

$$= \frac{1}{2(2n+3)} KA_n r^{n+2} ; \quad n \geq 1 \tag{k}$$

Therefore, substituting Eqs. (h) and (k) into Eq. (b), the thermoelastic displacement potential Φ is given by

$$\Phi = K[-\frac{1}{6} T_i r^2 + \sum_{n=0}^{\infty} \frac{1}{2(2n+3)} A_n r^{n+2} P_n(\mu)] \tag{Answer}$$

[Solution 7.6]

The fundamental equation for the thermoelastic displacement Φ is given by Eq. (7.44). Making use of the temperature solution (7.99), the equation for Φ is

$$\frac{\partial^2 \Phi}{\partial r^2} + \frac{2}{r} \frac{\partial \Phi}{\partial r} + \frac{1}{r^2} \frac{\partial}{\partial \mu}[(1-\mu^2)\frac{\partial \Phi}{\partial \mu}]$$

$$= K[-T_i + \sum_{n=0}^{\infty} A_n r^n P_n(\mu) + 2 \sum_{n=0}^{\infty} \sum_{j=1}^{\infty} \exp(-\kappa \omega_{nj}^2 t) A_{nj} j_n(\omega_{nj} r) P_n(\mu)] \tag{a}$$

To solve Eq. (a), we now assume that Φ is given in the form

$$\Phi = \sum_{n=0}^{\infty} F_n(r) P_n(\mu) \tag{b}$$

Substituting Eq. (b) into Eq. (a), we have

$$\sum_{n=0}^{\infty} \{ P_n(\mu)(\frac{d^2 F_n}{dr^2} + \frac{2}{r} \frac{dF_n}{dr}) + F_n \frac{1}{r^2} \frac{d}{d\mu}[(1-\mu^2)\frac{dP_n}{d\mu}]\}$$

$$= K[-T_i + \sum_{n=0}^{\infty} A_n r^n P_n(\mu) + 2 \sum_{n=0}^{\infty} \sum_{j=1}^{\infty} \exp(-\kappa \omega_{nj}^2 t) A_{nj} j_n(\omega_{nj} r) P_n(\mu)] \tag{c}$$

Now, making use of the relations of Appendix (C.48), (C.49), we have

$$\frac{d}{d\mu}[(1-\mu^2)\frac{dP_n}{d\mu}] = \frac{d}{d\mu}\{(n+1)[\mu P_n(\mu) - P_{n+1}(\mu)]\} = -n(n+1) P_n(\mu) \tag{d}$$

Then, Eq. (c) is rewritten as

$$\sum_{n=0}^{\infty} [\frac{d^2 F_n}{dr^2} + \frac{2}{r} \frac{dF_n}{dr} - \frac{n(n+1)}{r^2} F_n] P_n(\mu)$$

$$= K[-T_i + \sum_{n=0}^{\infty} A_n r^n P_n(\mu) + 2 \sum_{n=0}^{\infty} \sum_{j=1}^{\infty} \exp(-\kappa \omega_{nj}^2 t) A_{nj} j_n(\omega_{nj} r) P_n(\mu)] \tag{e}$$

From Eq. (e), the following equations are derived:
for the steady component of temperature change

$$\frac{d^2 F_0}{dr^2} + \frac{2}{r}\frac{dF_0}{dr} = K(A_0 - T_i) \quad ; \quad n = 0 \tag{f}$$

$$\frac{d^2 F_n}{dr^2} + \frac{2}{r}\frac{dF_n}{dr} - \frac{n(n+1)}{r^2} F_n = K A_n r^n \quad ; \quad n \geq 1 \tag{g}$$

and for the unsteady component of the temperature change

$$\frac{d^2 F_n}{dr^2} + \frac{2}{r}\frac{dF_n}{dr} - \frac{n(n+1)}{r^2} F_n = 2K \sum_{j=1}^{\infty} \exp(-\kappa \omega_{nj}^2 t) A_{nj} j_n(\omega_{nj} r) \quad ; \quad n \geq 0 \tag{h}$$

From Eq. (f), the solution can be obtained by the successive integrations. Namely,

$$\frac{1}{r^2}\frac{d}{dr}(r^2 \frac{dF_0}{dr}) = K(A_0 - T_i), \quad \therefore \quad r^2 \frac{dF_0}{dr} = \frac{1}{3} r^3 K(A_0 - T_i),$$

$$\therefore \quad F_0 = \frac{1}{6} r^2 K(A_0 - T_i) \quad ; \quad n = 0 \quad \text{(Ans.)} \tag{i}$$

For the case of $n \geq 1$, Eq. (g) can be solved by making use of a wronskian. Namely, the solutions of the homogeneous equation corresponding to Eq. (g) are given by

$$F_n(r) = r^n, \quad r^{-n-1} \tag{j}$$

Now, putting

$$u_1 = r^n, \quad u_2 = r^{-n-1}, \quad R = K A_n r^n \tag{k}$$

The wronskian W is calculated as

$$W = \begin{vmatrix} r^n, & r^{-n-1} \\ nr^{n-1}, & -(n+1)r^{-n-2} \end{vmatrix} = -(2n+1)r^{-2}$$

$$\frac{dC_1}{dr} = -\frac{Ru_2}{W} = \frac{r^2}{2n+1} r^{-n-1} K A_n r^n = \frac{1}{2n+1} K A_n r, \quad \therefore \quad C_1 = \frac{1}{2(2n+1)} K A_n r^2$$

$$\frac{dC_2}{dr} = \frac{Ru_1}{W} = -\frac{r^2}{2n+1} r^n K A_n r^n = -\frac{1}{2n+1} K A_n r^{2n+2}$$

$$\therefore \quad C_2 = -\frac{1}{(2n+1)(2n+3)} K A_n r^{2n+3}$$

$$\therefore \quad F_n = C_1 u_1 + C_2 u_2 = \frac{1}{2(2n+1)} K A_n r^{n+2} - \frac{1}{(2n+1)(2n+3)} K A_n r^{n+2}$$

$$= \frac{1}{2(2n+3)} K A_n r^{n+2} \quad ; \quad n \geq 1 \tag{l}$$

Similarly, Eq. (h) for the unsteady component of the temperature change may be solved by making use of a wronskian. Namely, the solution of the homogeneous equation (h) is given by

$$F_n(r) = r^n, \quad r^{-n-1} \tag{m}$$

Now, putting

$$u_1 = r^n, \quad u_2 = r^{-n-1}, \quad R = j_n(\omega_{nj} r) \tag{n}$$

the wronskian W is calculated as

$$W = \begin{vmatrix} r^n, & r^{-n-1} \\ nr^{n-1}, & -(n+1)r^{-n-2} \end{vmatrix} = -(2n+1)r^{-2}$$

$$\frac{dC_1}{dr} = -\frac{Ru_2}{W} = \frac{r^2}{2n+1} r^{-n-1} j_n(\omega_{nj} r) = \frac{1}{2n+1} r^{-n+1} j_n(\omega_{nj} r),$$

$$\therefore \quad C_1 = \frac{1}{2n+1} \int r^{-n+1} j_n(\omega_{nj} r) dr = -\frac{1}{2n+1} \frac{1}{\omega_{nj}} r^{-n+1} j_{n-1}(\omega_{nj} r) \tag{o}$$

$$\frac{dC_2}{dr} = \frac{Ru_1}{W} = -\frac{r^2}{2n+1} r^n j_n(\omega_{nj} r) = -\frac{1}{2n+1} r^{n+2} j_n(\omega_{nj} r),$$

$$\therefore \quad C_2 = -\frac{1}{2n+1} \int r^{n+2} j_n(\omega_{nj} r) dr = -\frac{1}{2n+1} \frac{1}{\omega_{nj}} r^{n+2} j_{n+1}(\omega_{nj} r) \tag{p}$$

$$\therefore \quad F_n = C_1 u_1 + C_2 u_2 = -\frac{1}{2n+1} \frac{1}{\omega_{nj}} r^{-n+1} j_{n-1}(\omega_{nj} r) r^n - \frac{1}{2n+1} \frac{1}{\omega_{nj}} r^{n+2} j_{n+1}(\omega_{nj} r) r^{-n-1}$$

$$= -\frac{1}{2n+1} \frac{1}{\omega_{nj}} r [j_{n-1}(\omega_{nj} r) + j_{n+1}(\omega_{nj} r)] = -\frac{1}{\omega_{nj}^2} j_n(\omega_{nj} r) \quad ; \quad n \geq 0 \tag{q}$$

$$\because \quad j_{n-1}(\omega_{nj} r) + j_{n+1}(\omega_{nj} r) r^{-n-1} = \frac{2n+1}{\omega_{nj} r} j_n(\omega_{nj} r)$$

Therefore, substituting Eqs. (i),(l) and (q) into Eq. (b), the thermoelastic displacement potential Φ is given by

$$\Phi = K[-\frac{1}{6} T_i r^2 + \sum_{n=0}^{\infty} \frac{1}{2(2n+3)} A_n r^{n+2} P_n(\mu)$$

$$- 2 \sum_{n=0}^{\infty} \sum_{j=1}^{\infty} \exp(-\kappa \omega_{nj}^2 t) \frac{1}{\omega_{nj}^2} A_{nj} j_n(\omega_{nj} r) P_n(\mu)] \tag{Answer}$$

[Solution 7.7]

Assumptions:

$$\frac{a}{b} = \frac{1}{2}, \quad \therefore \quad b = 2a, \quad v = 0.3 \tag{a}$$

$$case1 \quad ; \quad T_a - T_i = 50K, \quad T_b - T_i = 0K, \quad \therefore \quad T_b - T_a = -50K \tag{b}$$

$$case2 \quad ; \quad T_a - T_i = 0K, \quad T_b - T_i = 50K, \quad \therefore \quad T_b - T_a = 50K \tag{c}$$

1) Temperature change

The temperature change τ is given by Eq. (7.13). Namely,

$$\tau = T_a - T_i + (T_b - T_a)\frac{1 - a/r}{1 - a/b} \tag{d}$$

Substituting Eqs. (a)-(c) into Eq. (d), the temperature change τ is determined as

$$case1 \quad ; \quad \tau = 50 - 50 \times 2(1 - \frac{a}{r}) = 50(2\frac{a}{r} - 1) \quad [K] \tag{e} \quad \text{(Answer)}$$

$$case2 \quad ; \quad \tau = 0 + 50 \times 2(1 - \frac{a}{r}) = 100(1 - \frac{a}{r}) \quad [K] \tag{f} \quad \text{(Answer)}$$

2) Thermal displacement change u_r

The thermal displacement u_r is given by Eq. (7.15). Namely,

$$u_r = (T_a - T_i)\alpha r + \frac{1+v}{2(1-v)}(T_b - T_a)\alpha \frac{b}{b^3 - a^3} \times$$
$$\times \{\frac{2r}{1+v}[(1-v)b^2 + v(ab + a^2)] - a(b^2 + ab + a^2) + \frac{a^3 b^2}{r^2}\} \tag{g}$$

Substituting the relation $b = 2a$ into Eq. (g), the displacement u_r is represented as

$$u_r = (T_a - T_i)\alpha r + (T_b - T_a)\alpha \frac{1+v}{1-v}\frac{1}{7}[\frac{2(4-v)}{1+v}r - 7a + 4\frac{a^3}{r^2}] \tag{h}$$

a) Case 1   From Eq. (h), we have

$$u_r = 50\alpha r - 50\alpha \frac{1+v}{1-v}\frac{1}{7}[\frac{2(4-v)}{1+v}r - 7a + 4\frac{a^3}{r^2}]$$

$$u_r|_{r=a} = 50\alpha a - 50\alpha \frac{1+v}{1-v}\frac{1}{7}[\frac{2(4-v)}{1+v}a - 7a + 4a] = 50\alpha a(1 - \frac{5}{7}) = 14.3\alpha a \quad \text{(Answer)}$$

$$u_r|_{r=b} = 100\alpha a - 50\alpha \frac{1+v}{1-v}\frac{1}{7}[\frac{4(4-v)}{1+v}a - 7a + a] = 100\alpha a(1 - \frac{5}{7}) = 28.6\alpha a \quad \text{(Answer)}$$

b) Case 2   From Eq. (h), we have

$$u_r = 50\alpha \frac{1+v}{1-v}\frac{1}{7}[\frac{2(4-v)}{1+v}r - 7a + 4\frac{a^3}{r^2}] \tag{i}$$

$$u_r|_{r=a} = 50\alpha\frac{1+v}{1-v}\frac{1}{7}[\frac{2(4-v)}{1+v}a - 7a + 4a] = 50\alpha a\frac{5}{7} = 35.7\alpha a \qquad \text{(Answer)}$$

$$u_r|_{r=b} = 50\alpha\frac{1+v}{1-v}\frac{1}{7}[\frac{4(4-v)}{1+v}a - 7a + a] = 50\alpha a\frac{10}{7} = 71.4\alpha a \qquad \text{(Answer)}$$

3) Stress component σ_{rr}

The extremal value of σ_{rr} is given by Eq. (7.16), namely

$$(\sigma_{rr})_{extremum} = -\frac{\alpha E}{1-v}(T_b - T_a)\frac{ab}{b^3 - a^3}[a + b - \frac{2\sqrt{3}}{9ab}(b^2 + ab + a^2)^{3/2}] \qquad \text{(j)}$$

Substituting the relation $b = 2a, v = 0.3$ into Eq. (j), the extremal value of σ_{rr} is

$$(\sigma_{rr})_{extremum} = -\alpha E(T_b - T_a)\frac{1}{0.7}\frac{2}{7}[3 - \frac{7\sqrt{21}}{9}] = -\alpha E(T_b - T_a)\times(-0.230) \qquad \text{(k)}$$

Case 1 ; $(\sigma_{rr})_{extremum} = -\alpha E \times (-50) \times (-0.230) = -11.5\alpha E$ \qquad (Answer)

Case 2 ; $(\sigma_{rr})_{extremum} = -\alpha E \times (+50) \times (-0.230) = +11.5\alpha E$ \qquad (Answer)

4) Stress component $\sigma_{\theta\theta}$

The stress component $\sigma_{\theta\theta}$ is given by Eq. ((7.15), namely

$$\sigma_{\theta\theta} = -\frac{\alpha E}{1-v}(T_b - T_a)\frac{ab}{b^3 - a^3}[b + a - (b^2 + ab + a^2)\frac{1}{2r} - \frac{a^2b^2}{2r^3}] \qquad \text{(l)}$$

Substituting the relation $b = 2a, v = 0.3$ into Eq. (l), $\sigma_{\theta\theta}$ is

$$\sigma_{\theta\theta} = -\alpha E(T_b - T_a)\frac{1}{0.7}\times\frac{2}{7}[3 - \frac{7}{2}\frac{a}{r} - 2\frac{a^3}{r^3}] \qquad \text{(m)}$$

a) Case 1

$$\sigma_{\theta\theta} = +50\alpha E\frac{1}{0.7}\times\frac{2}{7}[3 - \frac{7}{2}\frac{a}{r} - 2\frac{a^3}{r^3}]$$

$$\sigma_{\theta\theta}|_{r=a} = +50\alpha E\frac{1}{0.7}\times\frac{2}{7}[3 - \frac{7}{2} - 2] = -51.0\alpha E \qquad \text{(Answer)}$$

$$\sigma_{\theta\theta}|_{r=b} = +50\alpha E\frac{1}{0.7}\times\frac{2}{7}[3 - \frac{7}{4} - \frac{1}{4}] = +20.4\alpha E \qquad \text{(Answer)}$$

b) Case 2

$$\sigma_{\theta\theta} = -50\alpha E\frac{1}{0.7}\times\frac{2}{7}[3 - \frac{7}{2}\frac{a}{r} - 2\frac{a^3}{r^3}]$$

$$\sigma_{\theta\theta}|_{r=a} = -50\alpha E\frac{1}{0.7}\times\frac{2}{7}[3 - \frac{7}{2} - 2] = +51.0\alpha E \qquad \text{(Answer)}$$

$$\sigma_{\theta\theta}|_{r=b} = -50\alpha E\frac{1}{0.7}\times\frac{2}{7}[3 - \frac{7}{4} - \frac{1}{4}] = -20.4\alpha E \qquad \text{(Answer)}$$

[Solution 7.8]

Temperature change τ stress components $\sigma_{rr}, \sigma_{\theta\theta}$ for an infinite body with an spherical cavity are given by Eq. (d) in Example 7.5 and Eq. (7.32), namely

$$\tau = \frac{h_a a}{\lambda + h_a a} \frac{a}{r}(T_a - T_i), \quad \sigma_{rr} = -\frac{\alpha E}{1-\nu} \frac{h_a a}{\lambda + h_a a}(T_a - T_i)\frac{a}{r}(1 - \frac{a^2}{r^2}),$$

$$\sigma_{\theta\theta} = -\frac{\alpha E}{1-\nu} \frac{h_a a}{\lambda + h_a a}(T_a - T_i)\frac{1}{2}\frac{a}{r}(1 + \frac{a^2}{r^2})$$

(a)

When relative heat transfer coefficient $h_a \to \infty$, we can calculate the components sa follows.

$$\frac{h_a a}{\lambda + h_a a}\bigg|_{h_a a \to \infty} = \frac{1}{1 + \lambda/(h_a a)}\bigg|_{h_a a \to \infty} = 1 \tag{b}$$

Substituting Eq. (b) into Eq. (a), τ and $\sigma_{rr}, \sigma_{\theta\theta}$ when $h_a \to \infty$ are obtained, which are represented as

$$\tau = \frac{a}{r}(T_a - T_i), \quad \sigma_{rr} = -\frac{\alpha E}{1-\nu}(T_a - T_i)\frac{a}{r}(1 - \frac{a^2}{r^2}), \quad \sigma_{\theta\theta} = -\frac{\alpha E}{1-\nu}(T_a - T_i)\frac{1}{2}\frac{a}{r}(1 + \frac{a^2}{r^2}) \quad \text{(c)}$$

When $T_a - T_i = 50K$, $\nu = 0.3$, we calculate τ and $\sigma_{rr}, \sigma_{\theta\theta}$ from Eq. (c). Namely,

$$\tau = 50\frac{a}{r} \text{ K}, \tag{Answer}$$

$$\sigma_{rr} = -\frac{50}{0.7}\alpha E \frac{a}{r}(1 - \frac{a^2}{r^2}), \quad \sigma_{\theta\theta} = -\frac{50}{1.4}\alpha E \frac{a}{r}(1 + \frac{a^2}{r^2}) \tag{d}$$

Now, the extremal value of σ_{rr} is obtained by the condition $d\sigma_{rr}/dr = 0$. Namely,

$$\frac{d}{dr}[\frac{1}{r}(1 - \frac{a^2}{r^2})] = 0, \quad \therefore -\frac{1}{r^2} + 3\frac{a^2}{r^4} = 0, \quad \therefore r = \sqrt{3}a \tag{e}$$

$$(\sigma_{rr})_{extremum} = (\sigma_{rr})\big|_{r=\sqrt{3}a} = -\frac{50}{0.7}\alpha E \frac{1}{\sqrt{3}}(1 - \frac{1}{3}) = -27.5\alpha E \tag{f} \quad \text{(Answer)}$$

On the other side, the extremal value of $\sigma_{\theta\theta}$ is shown at the boundary $r = a$, namely

$$(\sigma_{\theta\theta})_{extremum} = (\sigma_{\theta\theta})\big|_{r=a} = -\frac{50}{1.4}\alpha E \times 2 = -71.4\alpha E \tag{g} \quad \text{(Answer)}$$

From Eqs. (f) and (g), it can be seen that

$$(\sigma)_{extremum} = (\sigma_{\theta\theta})\big|_{r=a} = -71.4\alpha E \tag{Answer}$$

[Solution 7.9]

From Eq. (c) of Example 7.8, $F(\theta)$ may be expanded into

$$F(\theta) = \sum_{n=0}^{\infty} f_n P_n(\mu); \quad \mu = \cos\theta \tag{a}$$

From Appendix (C.44), the following relations are obtained:

$$P_0(\mu) = 1, \quad P_1(\mu) = \mu = \cos\theta, \quad P_2(\mu) = \frac{1}{2}(3\mu^2 - 1) = \frac{1}{2}(3\cos^2\theta - 1), \tag{b}$$

Therefore, it is sufficient to consider only the term $n = 1$ for the present problem. So, for Eq. (a), we may observe that

$$F(\theta) = f_1 P_1(\mu) = P_1(\mu),$$
$$\therefore f_1 = 1, \quad f_0 = 0, \quad f_n = 0 \; ; \; n \geq 2 \tag{c}$$

Therefore, the temperature solution T given by Eq. ((7.71) is reduced to the form

$$T = A_n r^n P_n(\mu)|_{n=1} = A_1 r \cos\theta \tag{d}$$

Now, the coefficient A_1 is given by Eq. (7.72). When $h_a \to \infty$, A_1 is

$$A_1 = \frac{h_a T_a f_1}{\lambda + h_a a}\bigg|_{h_a \to \infty} = \frac{T_a}{a + \lambda/h_a}\bigg|_{h_a \to \infty} = T_a \frac{1}{a} \tag{e}$$

Therefore,

$$T = T_a \frac{r}{a}\cos\theta, \quad \tau = -T_i + T_a \frac{r}{a}\cos\theta \tag{f}$$

Making use of Eqs. (7.75) and (7.76), the components of displacement and stress corresponding to the thermoelastic displacement potential Φ for $n = 1$ are calculated. The following relations are required:

$$\frac{1}{1-\mu^2}[\mu P_n(\mu) - P_{n+1}(\mu)]\bigg|_{n=1} = \frac{1}{1-\cos^2\theta}[\cos^2\theta - \frac{1}{2}(3\cos^2\theta - 1)] = \frac{1}{2} \tag{g}$$

Then,

$$u_{r1} = K\frac{n+2}{2(2n+3)}A_n r^{n+1} P_n(\mu)\bigg|_{n=1} = KT_a \frac{3}{10}\frac{r^2}{a}\cos\theta,$$

$$u_{\theta 1} = -K\sin\theta \frac{1}{2(2n+3)} A_n r^{n+1} \frac{n+1}{1-\mu^2}[\mu P_n(\mu) - P_{n+1}(\mu)]\bigg|_{n=1} = -KT_a \frac{1}{10}\frac{r^2}{a}\sin\theta,$$

$$\sigma_{rr1} = 2GK\frac{n^2 - n - 4}{2(2n+3)} A_n r^n P_n(\mu)\bigg|_{n=1} = -2GKT_a \frac{2}{5}\frac{r}{a}\cos\theta,$$

$$\sigma_{\theta\theta 1} = 2GK \frac{1}{2(2n+3)} A_n r^n \{(n+1)\frac{\mu}{1-\mu^2}[\mu P_n(\mu) - P_{n+1}(\mu)] - (n+2)^2 P_n(\mu)\}\Big|_{n=1}$$

$$= 2GKT_a \frac{1}{10}\frac{r}{a}(\cos\theta - 9\cos\theta) = -2GKT_a \frac{4}{5}\frac{r}{a}\cos\theta,$$

$$\sigma_{\phi\phi 1} = 2GK \frac{1}{2(2n+3)} A_n r^n \{-(n+1)\frac{\mu}{1-\mu^2}[\mu P_n(\mu) - P_{n+1}(\mu)] - (3n+4)P_n(\mu)\}\Big|_{n=1}$$

$$= 2GKT_a \frac{1}{10}\frac{r}{a}(-\cos\theta - 7\cos\theta) = -2GKT_a \frac{4}{5}\frac{r}{a}\cos\theta,$$

$$\sigma_{r\theta 1} = -2GK\sin\theta \frac{n+1}{2(2n+3)} A_n r^n \frac{n+1}{1-\mu^2}[\mu P_n(\mu) - P_{n+1}(\mu)]\Big|_{n=1} = -2GKT_a \frac{1}{5}\frac{r}{a}\sin\theta$$

(h)

Next, making use of Eqs. (7.77) and (7.78), the components of displacement and stress corresponding to the displacement functions φ, ψ for $n=1$ are calculated.

From Eq. (7.80) the constants $C_{1,1}, D_{1,1}$ are given as

$$C_{1,1} = 0, \quad D_{1,1} = -K\frac{n+2}{(2n+3)} \frac{1}{2[(n^2+n+1)+\nu(2n+1)]} A_n\Big|_{n=1} = -KT_a \frac{1}{10(1+\nu)}\frac{1}{a} \quad (i)$$

Therefore,

$$u_{r2} = (n+1)(n-2+4\nu)D_{1,n} r^{n+1} P_n(\mu)\Big|_{n=1} = KT_a \frac{1-4\nu}{5(1+\nu)}\frac{r^2}{a}\cos\theta,$$

$$u_{\theta 2} = -\sin\theta(n+5-4\nu)D_{1,n} r^{n+1} \frac{n+1}{1-\mu^2}[\mu P_n(\mu) - P_{n+1}(\mu)]\Big|_{n=1}$$

$$= +KT_a \frac{3-2\nu}{5(1+\nu)}\frac{r^2}{a}\sin\theta$$

$$\sigma_{rr2} = 2G(n+1)(n^2-n-2-2\nu)D_{1,n} r^n P_n(\mu)\Big|_{n=1} = +2GKT_a \frac{2}{5}\frac{r}{a}\cos\theta,$$

$$\sigma_{\theta\theta 2} = 2G\{-(n+1)(n^2+4n+2+2\nu)D_{1,n} r^n P_n(\mu)$$

$$+ (n+5-4\nu)D_{1,n} r^n (n+1)\frac{\mu}{1-\mu^2}[\mu P_n(\mu) - P_{n+1}(\mu)]\}\Big|_{n=1} = +2GKT_a \frac{4}{5}\frac{r}{a}\cos\theta,$$

$$\sigma_{\phi\phi 2} = 2G\{(n+1)[n-2-2\nu(2n+1)]D_{1,n} r^n P_n(\mu)$$

$$- (n+5-4\nu)(n+1)\frac{\mu}{1-\mu^2}[\mu P_n(\mu) - P_{n+1}(\mu)]\}\Big|_{n=1} = +2GKT_a \frac{4}{5}\frac{r}{a}\cos\theta,$$

$$\sigma_{r\theta 2} = -2G\sin\theta(n^2+2n-1+2\nu)D_{1,n} r^n \frac{n+1}{1-\mu^2}[\mu P_n(\mu) - P_{n+1}(\mu)]\Big|_{n=1}$$

(j)

$$= +2GKT_a \frac{1}{5}\frac{r}{a}\sin\theta$$

Superposing Eq. (h) and (j), we get the results:

$$u_r = KT_a\{\frac{3}{10} + \frac{1-4\nu}{5(1+\nu)}\}\frac{r^2}{a}\cos\theta = \frac{1}{2}T_a a\alpha\frac{r^2}{a^2}\cos\theta, \quad \because K = \frac{1+\nu}{1-\nu}\alpha \quad \text{(Answer)}$$

$$u_\theta = -KT_a\{\frac{1}{10} - \frac{3-2\nu}{5(1+\nu)}\}\frac{r^2}{a}\sin\theta = \frac{1}{2}T_a a\alpha\frac{r^2}{a^2}\sin\theta, \quad \text{(Answer)}$$

$$\sigma_{rr} = -2GKT_a\frac{2}{5}\frac{r}{a}\cos\theta + 2GKT_a\frac{2}{5}\frac{r}{a}\cos\theta = 0, \quad \text{(Answer)}$$

$$\sigma_{\theta\theta} = -2GKT_a\frac{4}{5}\frac{r}{a}\cos\theta + 2GKT_a\frac{4}{5}\frac{r}{a}\cos\theta = 0, \quad \text{(Answer)}$$

$$\sigma_{\phi\phi} = -2GKT_a\frac{4}{5}\frac{r}{a}\cos\theta + 2GKT_a\frac{4}{5}\frac{r}{a}\cos\theta = 0, \quad \text{(Answer)}$$

$$\sigma_{r\theta} = -2GKT_a\frac{1}{5}\frac{r}{a}\sin\theta + 2GKT_a\frac{1}{5}\frac{r}{a}\sin\theta = 0 \quad \text{(Answer)}$$

[Solution 7.10]

Referring to Eq. (7.82), we put

$$a_n = h_a T_a f_n[\lambda(n+1) - h_b b]b^{-n-2} + h_b T_b g_n[\lambda(n+1) + h_a a]a^{-n-2},$$

$$b_n = h_a T_a f_n[\lambda n + h_b b]b^{n-1} + h_b T_b g_n[\lambda n - h_a a]a^{n-1},$$

$$\Delta_n = (n\lambda + h_b b)[\lambda(n+1) + h_a a]a^{-n-2}b^{n-1} - (n\lambda - h_a a)[\lambda(n+1) - h_b b]a^{n-1}b^{-n-2} \quad \text{(a)}$$

Then, the coefficients A_n, B_n are

$$A_n = \frac{a_n}{\Delta_n}, \quad B_n = \frac{b_n}{\Delta_n} \quad \text{(b)}$$

When the relative heat transfer coefficients $h_a, h_b \to \infty$, A_n, B_n are defined as

$$A_n\Big|_{h_a,h_b\to\infty} = \frac{a_n}{\Delta_n}\Big|_{h_a,h_b\to\infty} = \frac{a_n/(h_a h_b)}{\Delta_n/(h_a h_b)}\Big|_{h_a,h_b\to\infty},$$

$$B_n\Big|_{h_a,h_b\to\infty} = \frac{b_n}{\Delta_n}\Big|_{h_a,h_b\to\infty} = \frac{b_n/(h_a h_b)}{\Delta_n/(h_a h_b)}\Big|_{h_a,h_b\to\infty} \quad \text{(c)}$$

From Eq. (a), the following relations are obtained:

$$\frac{a_n}{h_a h_b} = T_a f_n[\lambda(n+1)\frac{1}{h_b} - b]b^{-n-2} + T_b g_n[\lambda(n+1)\frac{1}{h_a} + a]a^{-n-2},$$

$$\therefore \quad \left.\frac{a_n}{h_a h_b}\right|_{h_a,h_b \to \infty} = -T_a f_n b^{-n-1} + T_b g_n a^{-n-1} \tag{d}$$

$$\frac{b_n}{h_a h_b} = T_a f_n [\lambda n \frac{1}{h_b} + b] b^{n-1} + T_b g_n [\lambda n \frac{1}{h_a} - a] a^{n-1},$$

$$\therefore \quad \left.\frac{b_n}{h_a h_b}\right|_{h_a,h_b \to \infty} = T_a f_n b^n - T_b g_n a^n \tag{e}$$

$$\frac{\Delta_n}{h_a h_b} = (n\lambda \frac{1}{h_b} + b)[\lambda(n+1)\frac{1}{h_a} + a]a^{-n-2}b^{n-1} - (n\lambda \frac{1}{h_a} - a)[\lambda(n+1)\frac{1}{h_b} - b]a^{n-1}b^{-n-2},$$

$$\therefore \quad \left.\frac{\Delta_n}{h_a h_b}\right|_{h_a,h_b \to \infty} = a^{-n-1}b^n - a^n b^{-n-1} \tag{f}$$

Substituting Eqs. (d), (e) and (f) into Eq. (c), we have

$$A_n\Big|_{h_a,h_b \to \infty} = \frac{T_b g_n a^{-n-1} - T_a f_n b^{-n-1}}{a^{-n-1}b^n - a^n b^{-n-1}}, \quad B_n\Big|_{h_a,h_b \to \infty} = \frac{T_a f_n b^n - T_b g_n a^n}{a^{-n-1}b^n - a^n b^{-n-1}} \quad \text{(Answer)}$$

Chapter 8

[Problem 8.1]

Let us denote the material constants for each layer by α_i, E_i, ν_i; $i=1,2$. The components of strain and stress in the x, y directions are identical for an isotropic materials, and they are

$$\varepsilon_{xi} = \varepsilon_0 + \frac{z}{\rho} = \frac{1}{E_i}(\sigma_{xi} - \nu_i \sigma_{yi}) + \alpha_i \tau(z), \quad \varepsilon_{yi} = \varepsilon_0 + \frac{z}{\rho} = \frac{1}{E_i}(\sigma_{yi} - \nu_i \sigma_{xi}) + \alpha_i \tau(z) \quad \text{(a)}$$

$$\varepsilon_{xi} = \varepsilon_{yi}, \quad \sigma_{xi} = \sigma_{yi} \quad \text{(b)}$$

where ε_0 and $1/\rho$ are the uniform strain and the uniform radius of curvature at the position $z=0$ in the x, y directions, respectively, and $\tau(z)$ stands for the temperature change.

From Eq. (a), the stress component is represented by

$$\sigma_{xi}(=\sigma_{yi}) = \frac{E_i}{1-\nu_i}[\varepsilon_0 + \frac{z}{\rho} - \alpha_i \tau(z)] \quad \text{(c)}$$

The conditions determining ε_0, and $1/\rho$ are given by the equilibrium conditions of resultant forces and resultant moments. Namely,

$$\int_{-h_1}^{h_2} \sigma_x dz = 0, \quad \therefore \quad \int_{-h_1}^{0} \sigma_{x1} dz + \int_{0}^{h_2} \sigma_{x2} dz = 0 \quad \text{(d)}$$

$$\int_{-h_1}^{h_2} \sigma_x z\, dz = 0, \quad \therefore \quad \int_{-h_1}^{0} \sigma_{x1} z\, dz + \int_{0}^{h_2} \sigma_{x2} z\, dz = 0 \quad \text{(e)}$$

By the substitution of Eq. (c) into Eqs. (d) and (e), we have

$$\int_{-h_1}^{0} \frac{E_1}{1-\nu_1}[\varepsilon_0 + \frac{z}{\rho} - \alpha_1 \tau(z)]dz + \int_{0}^{h_2} \frac{E_2}{1-\nu_2}[\varepsilon_0 + \frac{z}{\rho} - \alpha_2 \tau(z)]dz = 0 \quad \text{(f)}$$

$$\int_{-h_1}^{0} \frac{E_1}{1-\nu_1}[\varepsilon_0 + \frac{z}{\rho} - \alpha_1 \tau(z)]z\,dz + \int_{0}^{h_2} \frac{E_2}{1-\nu_2}[\varepsilon_0 + \frac{z}{\rho} - \alpha_2 \tau(z)]z\,dz = 0 \quad \text{(g)}$$

Performing the calculation of integrals for Eq. (f) and (g), we have

$$\varepsilon_0[(1-\nu_2)E_1 h_1 + (1-\nu_1)E_2 h_2] + \frac{1}{2\rho}[-(1-\nu_2)E_1 h_1^2 + (1-\nu_1)E_2 h_2^2]$$
$$= (1-\nu_2)\alpha_1 E_1 \int_{-h_1}^{0} \tau(z)dz + (1-\nu_1)\alpha_2 E_2 \int_{0}^{h_2} \tau(z)dz \quad \text{(h)}$$

$$\frac{1}{2}\varepsilon_0[-(1-v_2)E_1h_1^2 + (1-v_1)E_2h_2^2] + \frac{1}{3}\frac{1}{\rho}[(1-v_2)E_1h_1^3 + (1-v_1)E_2h_2^3]$$
$$= (1-v_2)\alpha_1 E_1 \int_{-h_1}^{0} \tau(z)z\,dz + (1-v_1)\alpha_2 E_2 \int_{0}^{h_2} \tau(z)z\,dz \tag{i}$$

From Eqs. (h) and (i), we write the following matrix:

$$\begin{pmatrix} a_{11}, & a_{12} \\ a_{21}, & a_{22} \end{pmatrix} \begin{pmatrix} \varepsilon_0 \\ \dfrac{1}{\rho} \end{pmatrix} = \begin{pmatrix} b_1 \\ b_2 \end{pmatrix} \tag{j}$$

where

$$a_{11} = (1-v_2)E_1h_1 + (1-v_1)E_2h_2, \quad a_{12} = a_{21} = \frac{1}{2}[-(1-v_2)E_1h_1^2 + (1-v_1)E_2h_2^2],$$

$$a_{22} = \frac{1}{3}[(1-v_2)E_1h_1^3 + (1-v_1)E_2h_2^3],$$

$$b_1 = (1-v_2)\alpha_1 E_1 \int_{-h_1}^{0} \tau(z)dz + (1-v_1)\alpha_2 E_2 \int_{0}^{h_2} \tau(z)dz,$$

$$b_2 = (1-v_2)\alpha_1 E_1 \int_{-h_1}^{0} \tau(z)z\,dz + (1-v_1)\alpha_2 E_2 \int_{0}^{h_2} \tau(z)z\,dz \tag{k}$$

From Eq. (j), we receive

$$D = \begin{vmatrix} a_{11}, a_{12} \\ a_{21}, a_{22} \end{vmatrix} = a_{11}a_{22} - a_{12}a_{21}$$

$$= [(1-v_2)E_1h_1 + (1-v_1)E_2h_2] \times \frac{1}{3}[(1-v_2)E_1h_1^3 + (1-v_1)E_2h_2^3]$$

$$- \frac{1}{4}[-(1-v_2)E_1h_1^2 + (1-v_1)E_2h_2^2]^2$$

$$= \frac{1}{12}\{[(1-v_2)E_1h_1^2 + (1-v_1)E_2h_2^2]^2 + 4(1-v_1)(1-v_2)E_1E_2h_1h_2(h_1^2 + h_1h_2 + h_2^2)\}$$

(l)   (Answer)

$$\varepsilon_0 = \frac{1}{D}\begin{vmatrix} b_1, a_{12} \\ b_2, a_{22} \end{vmatrix} = \frac{1}{D}(b_1 a_{22} - b_2 a_{12})$$

$$= \frac{1}{D}\{\frac{1}{3}[(1-v_2)E_1h_1^3 + (1-v_1)E_2h_2^3] \times [(1-v_2)\alpha_1 E_1 \int_{-h_1}^{0}\tau(z)dz + (1-v_1)\alpha_2 E_2 \int_{0}^{h_2}\tau(z)dz]$$

$$- \frac{1}{2}[-(1-v_2)E_1h_1^2 + (1-v_1)E_2h_2^2] \times [(1-v_2)\alpha_1 E_1 \int_{-h_1}^{0}\tau(z)z\,dz + (1-v_1)\alpha_2 E_2 \int_{0}^{h_2}\tau(z)z\,dz]\}$$

$$\frac{1}{\rho} = \frac{1}{D}\begin{vmatrix} a_{11}, b_1 \\ a_{21}, b_2 \end{vmatrix} = \frac{1}{D}(b_2 a_{11} - b_1 a_{21})$$

$$= \frac{1}{D}\{[(1-\nu_2)E_1 h_1 + (1-\nu_1)E_2 h_2] \times [(1-\nu_2)\alpha_1 E_1 \int_{-h_1}^{0} \tau(z)z\,dz + (1-\nu_1)\alpha_2 E_2 \int_{0}^{h_2} \tau(z)z\,dz]$$

$$- \frac{1}{2}[-(1-\nu_2)E_1 h_1^2 + (1-\nu_1)E_2 h_2^2] \times [(1-\nu_2)\alpha_1 E_1 \int_{-h_1}^{0} \tau(z)\,dz + (1-\nu_1)\alpha_2 E_2 \int_{0}^{h_2} \tau(z)\,dz]\}$$

(n)   (Answer)

For the special case of $h_1 = h_2 = h$, we have from Eqs. (l)-(n) the results:

$$D = \frac{h^4}{12}\{[(1-\nu_2)E_1 + (1-\nu_1)E_2]^2 + 12(1-\nu_1)(1-\nu_2)E_1 E_2\} \quad \text{(o)} \quad \text{(Answer)}$$

$$\varepsilon_0 = \frac{h^2}{D}\{\frac{h}{3}[(1-\nu_2)E_1 + (1-\nu_1)E_2] \times [(1-\nu_2)\alpha_1 E_1 \int_{-h_1}^{0} \tau(z)\,dz + (1-\nu_1)\alpha_2 E_2 \int_{0}^{h_2} \tau(z)\,dz]$$

$$- \frac{1}{2}[-(1-\nu_2)E_1 + (1-\nu_1)E_2] \times [(1-\nu_2)\alpha_1 E_1 \int_{-h_1}^{0} \tau(z)z\,dz + (1-\nu_1)\alpha_2 E_2 \int_{0}^{h_2} \tau(z)z\,dz]\}$$

(p)   (Answer)

$$\frac{1}{\rho} = \frac{h}{D}\{[(1-\nu_2)E_1 + (1-\nu_1)E_2] \times [(1-\nu_2)\alpha_1 E_1 \int_{-h_1}^{0} \tau(z)z\,dz + (1-\nu_1)\alpha_2 E_2 \int_{0}^{h_2} \tau(z)z\,dz]$$

$$- \frac{h}{2}[-(1-\nu_2)E_1 + (1-\nu_1)E_2] \times [(1-\nu_2)\alpha_1 E_1 \int_{-h_1}^{0} \tau(z)\,dz + (1-\nu_1)\alpha_2 E_2 \int_{0}^{h_2} \tau(z)\,dz]\}$$

(q)   (Answer)

[Problem 8.2]

The components of strain and stress in the x, y directions are identical for the isotropic materials, and they are defined by

$$\varepsilon_x = \varepsilon_0 + \frac{z}{\rho} = \frac{1}{E(z)}[\sigma_x - \nu(z)\sigma_y] + \alpha(z)\tau(z),$$

$$\varepsilon_y = \varepsilon_0 + \frac{z}{\rho} = \frac{1}{E(z)}[\sigma_y - \nu(z)\sigma_x] + \alpha(z)\tau(z) \quad \text{(a)}$$

$$\varepsilon_x = \varepsilon_y, \quad \sigma_x = \sigma_y \quad \text{(b)}$$

where ε_0 and $1/\rho$ are the uniform strain and the uniform radius of curvature at the position $z = 0$ in the x, y directions, respectively, and $\tau(z)$ means the temperature change.

From Eq. (a), the stress component is

$$\sigma_x(=\sigma_y) = \frac{E(z)}{1-\nu(z)}[\varepsilon_0 + \frac{z}{\rho} - \alpha(z)\tau(z)] \quad (c)$$

The conditions determining ε_0 and $1/\rho$ are given by the equilibrium conditions of the resultant force and the resultant moment. Namely,

$$\int_{-h/2}^{h/2} \sigma_x dz = 0, \qquad \int_{-h/2}^{h/2} \sigma_x z dz = 0, \quad (d)$$

By the substitution of Eq. (c) into Eq. (d), we have

$$\int_{-h/2}^{h/2} \frac{E(z)}{1-\nu(z)}[\varepsilon_0 + \frac{z}{\rho} - \alpha(z)\tau(z)]dz = 0,$$

$$\therefore \varepsilon_0 \int_{-h/2}^{h/2} \frac{E(z)}{1-\nu(z)}dz + \frac{1}{\rho}\int_{-h/2}^{h/2} \frac{E(z)}{1-\nu(z)}zdz = \int_{-h/2}^{h/2} \frac{\alpha(z)E(z)}{1-\nu(z)}\tau(z)dz \quad (e)$$

$$\int_{-h/2}^{h/2} \frac{E(z)}{1-\nu(z)}[\varepsilon_0 + \frac{z}{\rho} - \alpha(z)\tau(z)]zdz = 0,$$

$$\therefore \varepsilon_0 \int_{-h/2}^{h/2} \frac{E(z)}{1-\nu(z)}zdz + \frac{1}{\rho}\int_{-h/2}^{h/2} \frac{E(z)}{1-\nu(z)}z^2 dz = \int_{-h/2}^{h/2} \frac{\alpha(z)E(z)}{1-\nu(z)}\tau(z)zdz \quad (f)$$

From Eqs. (e) and (f), we write the matrix:

$$\begin{pmatrix} a_{11}, & a_{12} \\ a_{21}, & a_{22} \end{pmatrix} \begin{pmatrix} \varepsilon_0 \\ \frac{1}{\rho} \end{pmatrix} = \begin{pmatrix} b_1 \\ b_2 \end{pmatrix} \quad (g)$$

where

$$a_{11} = \int_{-h/2}^{h/2} \frac{E(z)}{1-\nu(z)}dz, \quad a_{12} = a_{21} = \int_{-h/2}^{h/2} \frac{E(z)}{1-\nu(z)}zdz, \quad b_1 = \int_{-h/2}^{h/2} \frac{\alpha(z)E(z)}{1-\nu(z)}\tau(z)dz,$$

$$a_{22} = \int_{-h/2}^{h/2} \frac{E(z)}{1-\nu(z)}z^2 dz, \quad b_2 = \int_{-h/2}^{h/2} \frac{\alpha(z)E(z)}{1-\nu(z)}\tau(z)zdz \quad (h)$$

From Eq. (g), we receive

$$D = \begin{vmatrix} a_{11}, a_{12} \\ a_{21}, a_{22} \end{vmatrix} = a_{11}a_{22} - a_{12}a_{21}$$

$$= \int_{-h/2}^{h/2} \frac{E(z)}{1-\nu(z)}dz \times \int_{-h/2}^{h/2} \frac{E(z)}{1-\nu(z)}z^2 dz - [\int_{-h/2}^{h/2} \frac{E(z)}{1-\nu(z)}zdz]^2 \quad (i) \quad \text{(Answer)}$$

$$\varepsilon_0 = \frac{1}{D}\begin{vmatrix} b_1, a_{12} \\ b_2, a_{22} \end{vmatrix} = \frac{1}{D}(b_1 a_{22} - b_2 a_{12})$$

$$= \frac{1}{D}\{\int_{-h/2}^{h/2} \frac{E(z)}{1-v(z)} z^2 dz \times \int_{-h/2}^{h/2} \frac{\alpha(z)E(z)}{1-v(z)} \tau(z)dz$$

$$-\int_{-h/2}^{h/2} \frac{E(z)}{1-v(z)} zdz \times \int_{-h/2}^{h/2} \frac{\alpha(z)E(z)}{1-v(z)} \tau(z)zdz\}, \qquad \text{(j)} \qquad \text{(Answer)}$$

$$\frac{1}{\rho} = \frac{1}{D}\begin{vmatrix} a_{11}, b_1 \\ a_{21}, b_2 \end{vmatrix} = \frac{1}{D}(b_2 a_{11} - b_1 a_{21})$$

$$= \frac{1}{D}\{\int_{-h/2}^{h/2} \frac{E(z)}{1-v(z)} dz \times \int_{-h/2}^{h/2} \frac{\alpha(z)E(z)}{1-v(z)} \tau(z)zdz$$

$$-\int_{-h/2}^{h/2} \frac{E(z)}{1-v(z)} zdz \times \int_{-h/2}^{h/2} \frac{\alpha(z)E(z)}{1-v(z)} \tau(z)dz\} \qquad \text{(k)} \qquad \text{(Answer)}$$

[Problem 8.3]

Let us denote the material constants for each layer by α_i, E_i, v_i; $i = 1 - n$. The thickness of each layer is given by

$$h_i = z_i - z_{i-1}; \quad i = 1-n, \quad z_0 = 0, \quad z_n = h \qquad \text{(a)}$$

Then the components of strain and stress in the x, y directions are identical for the isotropic materials, and they are defined by

$$\varepsilon_{xi} = \varepsilon_0 + \frac{z}{\rho} = \frac{1}{E_i}(\sigma_{xi} - v_i \sigma_{yi}) + \alpha_i \tau(z), \quad \varepsilon_{yi} = \varepsilon_0 + \frac{z}{\rho} = \frac{1}{E_i}(\sigma_{yi} - v_i \sigma_{xi}) + \alpha_i \tau(z) \quad \text{(b)}$$

$$\varepsilon_{xi} = \varepsilon_{yi}, \qquad \sigma_{xi} = \sigma_{yi} \qquad \text{(c)}$$

where ε_0 and $1/\rho$ are the uniform strain and the uniform radius of curvature at the position $z = 0$ in the x, y directions, respectively, and $\tau(z)$ stands for the temperature change.

From Eq. (b), the stress component is

$$\sigma_{xi}(=\sigma_{yi}) = \frac{E_i}{1-v_i}[\varepsilon_0 + \frac{z}{\rho} - \alpha_i \tau(z)] \qquad \text{(d)}$$

The conditions determining ε_0 and $1/\rho$ are given by the equilibrium conditions of the resultant force and the resultant moment. Namely,

$$\int_0^h \sigma_x dz = 0, \qquad \int_0^h \sigma_x z dz = 0 \qquad \text{(e)}$$

By the substitution of Eq. (d) into Eq. (e), we have

$$\int_{z_{i-1}}^{z_i} \sum_{i=1}^n \frac{E_i}{1-v_i}[\varepsilon_0 + \frac{z}{\rho} - \alpha_i \tau(z)]dz = 0, \quad \int_{z_{i-1}}^{z_i} \sum_{i=1}^n \frac{E_i}{1-v_i}[\varepsilon_0 + \frac{z}{\rho} - \alpha_i \tau(z)]zdz = 0 \quad \text{(f)}$$

Performing the integration for Eq. (f), we have

$$\varepsilon_0 \sum_{i=1}^n \frac{E_i h_i}{1-v_i} + \frac{1}{\rho}\sum_{i=1}^n \frac{E_i h_i}{1-v_i}\frac{1}{2}(z_i + z_{i-1}) = \sum_{i=1}^n \frac{\alpha_i E_i}{1-v_i}\int_{z_{i-1}}^{z_i} \tau(z)dz, \quad \text{(g)}$$

$$\varepsilon_0 \sum_{i=1}^n \frac{E_i h_i}{1-v_i}\frac{1}{2}(z_i + z_{i-1}) + \frac{1}{\rho}\sum_{i=1}^n \frac{E_i h_i}{1-v_i}\frac{1}{3}(z_i^2 + z_i z_{i-1} + z_{i-1}^2) = \sum_{i=1}^n \frac{\alpha_i E_i}{1-v_i}\int_{z_{i-1}}^{z_i} \tau(z)zdz \quad \text{(h)}$$

From Eqs. (g) and (h), we write the matrix:

$$\begin{pmatrix} a_{11}, & a_{12} \\ a_{21}, & a_{22} \end{pmatrix} \begin{pmatrix} \varepsilon_0 \\ \dfrac{1}{\rho} \end{pmatrix} = \begin{pmatrix} b_1 \\ b_2 \end{pmatrix} \quad \text{(i)}$$

where

$$a_{11} = \sum_{i=1}^n \frac{E_i h_i}{1-v_i}, \quad a_{12} = a_{21} = \sum_{i=1}^n \frac{E_i h_i}{1-v_i}\frac{1}{2}(z_i + z_{i-1}), \quad b_1 = \sum_{i=1}^n \frac{\alpha_i E_i}{1-v_i}\int_{z_{i-1}}^{z_i} \tau(z)dz,$$

$$a_{22} = \sum_{i=1}^n \frac{E_i h_i}{1-v_i}\frac{1}{3}(z_i^2 + z_i z_{i-1} + z_{i-1}^2), \quad b_2 = \sum_{i=1}^n \frac{\alpha_i E_i}{1-v_i}\int_{z_{i-1}}^{z_i} \tau(z)zdz \quad \text{(j)}$$

From Eq. (i), the following results can be obtained:

$$D = \begin{vmatrix} a_{11}, a_{12} \\ a_{21}, a_{22} \end{vmatrix} = a_{11}a_{22} - a_{12}a_{21}$$

$$= \sum_{i=1}^n \frac{E_i h_i}{1-v_i} \times \sum_{i=1}^n \frac{E_i h_i}{1-v_i}\frac{1}{3}(z_i^2 + z_i z_{i-1} + z_{i-1}^2) - [\sum_{i=1}^n \frac{E_i h_i}{1-v_i}\frac{1}{2}(z_i + z_{i-1})]^2 \quad \text{(k)} \quad \text{(Answer)}$$

$$\varepsilon_0 = \frac{1}{D}\begin{vmatrix} b_1, a_{12} \\ b_2, a_{22} \end{vmatrix} = \frac{1}{D}(b_1 a_{22} - b_2 a_{12})$$

$$= \frac{1}{D}\{\sum_{i=1}^n \frac{E_i h_i}{1-v_i}\frac{1}{3}(z_i^2 + z_i z_{i-1} + z_{i-1}^2) \times \sum_{i=1}^n \frac{\alpha_i E_i}{1-v_i}\int_{z_{i-1}}^{z_i} \tau(z)dz$$

$$- \sum_{i=1}^n \frac{E_i h_i}{1-v_i}\frac{1}{2}(z_i + z_{i-1}) \times \sum_{i=1}^n \frac{\alpha_i E_i}{1-v_i}\int_{z_{i-1}}^{z_i} \tau(z)zdz\} \quad \text{(l)} \quad \text{(Answer)}$$

$$\frac{1}{\rho} = \frac{1}{D}\begin{vmatrix} a_{11}, b_1 \\ a_{21}, b_2 \end{vmatrix} = \frac{1}{D}(b_2 a_{11} - b_1 a_{21})$$

$$= \frac{1}{D}\{\sum_{i=1}^n \frac{E_i h_i}{1-v_i} \times \sum_{i=1}^n \frac{\alpha_i E_i}{1-v_i}\int_{z_{i-1}}^{z_i} \tau(z)zdz - \sum_{i=1}^n \frac{E_i h_i}{1-v_i}\frac{1}{2}(z_i + z_{i-1}) \times \sum_{i=1}^n \frac{\alpha_i E_i}{1-v_i}\int_{z_{i-1}}^{z_i} \tau(z)dz\}$$

(m)   (Answer)

[Problem 8.4]

The solution of the temperature is given by

$$T = \frac{1}{2}(T_b + T_a) + (T_b - T_a)\frac{z}{h} \qquad (a)$$

Therefore, the temperature change τ is

$$\tau = T - T_i = \frac{1}{2}(T_b + T_a) - T_i + (T_b - T_a)\frac{z}{h} \qquad (b)$$

The thermally induced resultant moment M_T is defined by Eq. (8.42):

$$M_T = \alpha E \int_{-h/2}^{h/2} \tau(z) z \, dz \qquad (c)$$

By the substitution of Eq. (b) into Eq. (c), we have

$$M_T = \alpha E \int_{-h/2}^{h/2} [\frac{1}{2}(T_b + T_a) - T_i + (T_b - T_a)\frac{z}{h}] z \, dz$$

$$= \alpha E \left\{ [\frac{1}{2}(T_b + T_a) - T_i]\frac{1}{2}z^2 + (T_b - T_a)\frac{1}{h}\frac{1}{3}z^3 \right\}_{-h/2}^{h/2} = \frac{h^2}{12}\alpha E(T_b - T_a) = const. \qquad (d)$$

The coefficient a_{mn} is calculated from Eq. (8.72), namely

$$a_{mn} = \frac{4}{ab}\int_0^a \int_0^b M_T(x,y)\sin\frac{m\pi}{a}x \sin\frac{n\pi}{b}y \, dx \, dy$$

$$= \frac{4}{ab}M_T \frac{ab}{mn\pi^2}(\cos m\pi - 1)(\cos n\pi - 1) = \begin{cases} \dfrac{16}{\pi^2} M_T \dfrac{1}{mn} & ; \quad m,n = 1,3,5, \\ 0 & ; \quad m,n = 2,4,6, \end{cases} \qquad \text{(Answer)}$$

[Problem 8.5]

The temperature solution is same as in Problem 8.4. Therefore, the thermally induced resultant moment M_T is given by

$$M_T = \frac{h^2}{12}\alpha E(T_b - T_a) = const. \qquad (a)$$

Therefore, the following relations are obtained:

$$\int_0^r rM_T(r)dr = M_T \frac{1}{2}r^2, \quad \int_r^a \frac{1}{r}\int_0^r rM_T(r)dr\,dr = M_T\int_r^a \frac{1}{2}r\,dr = \frac{1}{4}M_T(a^2 - r^2) \qquad (b)$$

1) **Built-in edge conditions.** From Eq. (8.112), we have

106

$$w = \frac{1}{(1-\nu)D}[\int_r^a \frac{1}{r}\int_0^r rM_T(r)drdr - \frac{1}{2}(1-\frac{r^2}{a^2})\int_0^a rM_T(r)dr]$$

$$= \frac{1}{(1-\nu)D}[\frac{1}{4}M_T(a^2-r^2) - \frac{1}{2}(1-\frac{r^2}{a^2})\frac{1}{2}M_T a^2] = 0 \qquad \text{(c)} \qquad \text{(Answer)}$$

$$M_{rr} = -\frac{1+\nu}{1-\nu}\frac{1}{a^2}\int_0^a rM_T(r)dr - \frac{1}{r^2}\int_0^r rM_T(r)dr$$

$$= -\frac{1+\nu}{1-\nu}\frac{1}{a^2}M_T\frac{a^2}{2} - \frac{1}{r^2}M_T\frac{r^2}{2} = -\frac{1}{1-\nu}M_T \qquad \text{(d)} \qquad \text{(Answer)}$$

$$M_{\theta\theta} = -\frac{1+\nu}{1-\nu}\frac{1}{a^2}\int_0^a rM_T(r)dr - M_T + \frac{1}{r^2}\int_0^r rM_T(r)dr$$

$$= -\frac{1+\nu}{1-\nu}\frac{1}{a^2}M_T\frac{a^2}{2} - M_T + \frac{1}{r^2}M_T\frac{r^2}{2} = -\frac{1}{1-\nu}M_T \qquad \text{(e)} \qquad \text{(Answer)}$$

2) **Simply-supported edge condition.** From Eq. (8.114), we have

$$w = \frac{1}{D}[\frac{1}{1-\nu}\int_r^a \frac{1}{r}\int_0^r rM_T(r)drdr + \frac{1}{2(1+\nu)}(1-\frac{r^2}{a^2})\int_0^a rM_T(r)dr]$$

$$= \frac{1}{D}[\frac{1}{1-\nu}\frac{1}{4}M_T(a^2-r^2) + \frac{1}{2(1+\nu)}(1-\frac{r^2}{a^2})\frac{1}{2}M_T a^2] = \frac{M_T}{2(1-\nu^2)D}(a^2-r^2)$$

$$\text{(f)} \qquad \text{(Answer)}$$

$$M_{rr} = \frac{1}{a^2}\int_0^a rM_T(r)dr - \frac{1}{r^2}\int_0^r rM_T(r)dr = \frac{1}{a^2}M_T\frac{a^2}{2} - \frac{1}{r^2}M_T\frac{r^2}{2} = 0 \quad \text{(g)} \quad \text{(Answer)}$$

$$M_{\theta\theta} = \frac{1}{a^2}\int_0^a rM_T(r)dr - M_T + \frac{1}{r^2}\int_0^r rM_T(r)dr = \frac{1}{a^2}M_T\frac{a^2}{2} - M_T + \frac{1}{r^2}M_T\frac{r^2}{2} = 0$$

$$\text{(h)} \qquad \text{(Answer)}$$

3) **Free edge condition.** From Eq. (8.117), we have

$$C_2 = \frac{1}{1-\nu}\int_0^a \frac{1}{r}\int_0^r rM_T(r)drdr + \frac{1}{2(1+\nu)}\int_0^a rM_T(r)dr$$

$$= \frac{1}{1-\nu}\int_0^a \frac{1}{r}M_T\frac{r^2}{2}dr + \frac{1}{2(1+\nu)}\frac{1}{2}M_T a^2 = \frac{M_T}{2(1-\nu^2)}a^2$$

From Eq. (8.116), we have

$$w = \frac{1}{D}[C_2 - \frac{1}{1-\nu}\int_0^r \frac{1}{r}\int_0^r rM_T(r)drdr - \frac{1}{2(1+\nu)}\frac{r^2}{a^2}\int_0^a rM_T(r)dr]$$

$$= \frac{1}{D}[\frac{1}{2(1-\nu^2)}M_T a^2 - \frac{1}{1-\nu}\frac{1}{4}M_T r^2 - \frac{1}{2(1+\nu)}\frac{r^2}{a^2}\frac{1}{2}M_T a^2] = \frac{M_T}{2(1-\nu^2)D}(a^2-r^2)$$

$$\text{(i)} \qquad \text{(Answer)}$$

$$M_{rr} = \frac{1}{a^2}\int_0^a rM_T(r)dr - \frac{1}{r^2}\int_0^r rM_T(r)dr = \frac{1}{a^2}M_T\frac{a^2}{2} - \frac{1}{r^2}M_T\frac{r^2}{2} = 0 \quad \text{(j)} \quad \text{(Answer)}$$

$$M_{\theta\theta} = \frac{1}{a^2}\int_0^a rM_T(r)dr - M_T + \frac{1}{r^2}\int_0^r rM_T(r)dr = \frac{1}{a^2}M_T\frac{a^2}{2} - M_T + \frac{1}{r^2}M_T\frac{r^2}{2} = 0$$

$$\text{(k)} \quad \text{(Answer)}$$

[Problem 8.6]

Substituting Eq. (8.24) into Eq. (8.25), the stress components σ_x, σ_y are obtained:

$$\sigma_x - \nu_{xy}\sigma_y = E_x[\varepsilon_{0x} + \frac{z}{\rho_x} - \alpha_x\tau(z)], \quad \sigma_y - \nu_{yx}\sigma_x = E_y[\varepsilon_{0y} + \frac{z}{\rho_y} - \alpha_y\tau(z)] \quad \text{(a)}$$

From Eq. (a), the stress components σ_x, σ_y may be solved as follows:

$$\sigma_x = \frac{1}{1-\nu_{xy}\nu_{yx}}\{E_x[\varepsilon_{0x} + \frac{z}{\rho_x} - \alpha_x\tau(z)] + \nu_{xy}E_y[\varepsilon_{0y} + \frac{z}{\rho_y} - \alpha_y\tau(z)]\},$$

$$\sigma_y = \frac{1}{1-\nu_{xy}\nu_{yx}}\{E_y[\varepsilon_{0y} + \frac{z}{\rho_y} - \alpha_y\tau(z)] + \nu_{yx}E_x[\varepsilon_{0x} + \frac{z}{\rho_x} - \alpha_x\tau(z)]\} \quad \text{(b)}$$

Now, the unknown constants $\varepsilon_{0x}, \varepsilon_{0y}, 1/\rho_x, 1/\rho_y$ are determined from the equilibrium conditions of the resultant forces and the resultant moments in the x, y directions. Namely,

$$\int_{-h/2}^{h/2}\sigma_x dz = 0, \quad \int_{-h/2}^{h/2}\sigma_y dz = 0, \quad \int_{-h/2}^{h/2}\sigma_x z dz = 0, \quad \int_{-h/2}^{h/2}\sigma_y z dz = 0 \quad \text{(c)}$$

By the substitution of Eq. (b) into Eq. (c), we have

1) $$\int_{-h/2}^{h/2}\{[E_x\varepsilon_{0x} + \nu_{xy}E_y\varepsilon_{0y}] + [E_x\frac{1}{\rho_x} + \nu_{xy}E_y\frac{1}{\rho_y}]z - [\alpha_x E_x + \nu_{xy}\alpha_y E_y]\tau(z)\}dz = 0,$$

$$\therefore \quad (E_x\varepsilon_{0x} + \nu_{xy}E_y\varepsilon_{0y}) = (\alpha_x E_x + \nu_{xy}\alpha_y E_y)\frac{1}{h}\int_{-h/2}^{h/2}\tau(z)dz \quad \text{(d)}$$

2) $$\int_{-h/2}^{h/2}\{[E_y\varepsilon_{0y} + \nu_{yx}E_x\varepsilon_{0x}] + [E_y\frac{1}{\rho_y} + \nu_{yx}E_x\frac{1}{\rho_x}]z - [\alpha_y E_y + \nu_{yx}\alpha_x E_x]\tau(z)\}dz = 0,$$

$$\therefore \quad (E_y\varepsilon_{0y} + \nu_{yx}E_x\varepsilon_{0x}) = (\alpha_y E_y + \nu_{yx}\alpha_x E_x)\frac{1}{h}\int_{-h/2}^{h/2}\tau(z)dz \quad \text{(e)}$$

3) $$\int_{-h/2}^{h/2}\{[E_x\varepsilon_{0x} + \nu_{xy}E_y\varepsilon_{0y}]z + [E_x\frac{1}{\rho_x} + \nu_{xy}E_y\frac{1}{\rho_y}]z^2 - [\alpha_x E_x + \nu_{xy}\alpha_y E_y]\tau(z)z\}dz = 0,$$

$$\therefore \quad (E_x \frac{1}{\rho_x} + \nu_{xy} E_y \frac{1}{\rho_y}) = (\alpha_x E_x + \nu_{xy} \alpha_y E_y) \frac{12}{h^3} \int_{-h/2}^{h/2} \tau(z) z dz \quad \text{(f)}$$

4) $\int_{-h/2}^{h/2} \{[E_y \varepsilon_{0y} + \nu_{yx} E_x \varepsilon_{0x}]z + [E_y \frac{1}{\rho_y} + \nu_{yx} E_x \frac{1}{\rho_x}]z^2 - [\alpha_y E_y + \nu_{yx} \alpha_x E_x]\tau(z)z\}dz = 0,$

$$\therefore \quad (E_y \frac{1}{\rho_y} + \nu_{yx} E_x \frac{1}{\rho_x}) = (\alpha_y E_y + \nu_{yx} \alpha_x E_x) \frac{12}{h^3} \int_{-h/2}^{h/2} \tau(z) z dz \quad \text{(g)}$$

By the substitution of Eqs. (d) – (g) into Eq. (c),

$$\sigma_x = \frac{\alpha_x E_x + \nu_{xy} \alpha_y E_y}{1 - \nu_{xy} \nu_{yx}} \{-\tau(z) + \frac{1}{h} \int_{-h/2}^{h/2} \tau(z) dz + \frac{12z}{h^3} \int_{-h/2}^{h/2} \tau(z) z dz\}, \quad \text{(h)} \quad \text{(Answer)}$$

$$\sigma_y = \frac{\alpha_y E_y + \nu_{yx} \alpha_x E_x}{1 - \nu_{xy} \nu_{yx}} \{-\tau(z) + \frac{1}{h} \int_{-h/2}^{h/2} \tau(z) dz + \frac{12z}{h^3} \int_{-h/2}^{h/2} \tau(z) z dz\}$$

$$= \frac{\alpha_y E_y + \nu_{yx} \alpha_x E_x}{\alpha_x E_x + \nu_{xy} \alpha_y E_y} \sigma_x \quad \text{(i)} \quad \text{(Answer)}$$

[Problem 8.7]

Considering the equilibrium condition of the resultant moment with respect to the y axis, we have

$$[(M_x + \frac{\partial M_x}{\partial x} dx) - M_x]dy + [(M_{yx} + \frac{\partial M_{yx}}{\partial y} dy) - M_{yx}]dx - (Q_x + \frac{\partial Q_x}{\partial x} dx)dydx = 0,$$

$$\therefore \quad \frac{\partial M_x}{\partial x} + \frac{\partial M_{yx}}{\partial y} - Q_x = 0 \quad \text{(a)} \quad \text{(Answer)}$$

Similarly, the following relation is obtained from the equilibrium condition of the resultant moment with respect to the x axis:

$$[(M_y + \frac{\partial M_y}{\partial y} dy) - M_y]dx - [(M_{xy} + \frac{\partial M_{xy}}{\partial x} dx) - M_{xy}]dy - (Q_y + \frac{\partial Q_y}{\partial y} dy)dxdy = 0,$$

$$\therefore \quad \frac{\partial M_y}{\partial y} + \frac{\partial M_{xy}}{\partial x} - Q_y = 0 \quad \text{(b)} \quad \text{(Answer)}$$

Now, considering the equilibrium condition of the resultant force in the z direction, we have

$$[(Q_x + \frac{\partial Q_x}{\partial x} dx) - Q_x]dy + [(Q_y + \frac{\partial Q_y}{\partial y} dy) - Q_y]dx + pdxdy = 0,$$

$$\therefore \quad \frac{\partial Q_x}{\partial x} + \frac{\partial Q_y}{\partial y} + p = 0 \quad \text{(c)} \quad \text{(Answer)}$$

[Problem 8.8]

The thermally induced resultant moment M_T is given by Eq. (8.70), which is written as

$$M_T = \sum_{m=1}^{\infty}\sum_{n=1}^{\infty} a_{mn} \sin\frac{m\pi x}{a}\sin\frac{n\pi y}{b} \tag{a}$$

Multiplying $\sin\frac{m'\pi x}{a}\sin\frac{n'\pi y}{b}$ on the both sides of Eq. (a) and integrating with respect to the domain under consideration, we have

$$\sum_{m=1}^{\infty}\sum_{n=1}^{\infty} a_{mn} \int_0^a \sin\frac{m\pi x}{a}\sin\frac{m'\pi x}{a}dx \int_0^b \sin\frac{n\pi y}{b}\sin\frac{n'\pi y}{b}dy$$

$$= \int_0^a \int_0^b M_T(x,y)\sin\frac{m'\pi x}{a}\sin\frac{n'\pi y}{b}dxdy \tag{b}$$

Now,

$$\int_0^a \sin\frac{m\pi x}{a}\sin\frac{m'\pi x}{a}dx = \begin{cases} \dfrac{a}{2} & ; \ m=m' \\ 0 & ; \ m\neq m' \end{cases},$$

$$\int_0^b \sin\frac{n\pi y}{b}\sin\frac{n'\pi y}{b}dy = \begin{cases} \dfrac{b}{2} & ; \ n=n' \\ 0 & ; \ n\neq n' \end{cases} \tag{c}$$

Substituting Eq. (c) into Eq. (b), we have

$$a_{mn} = \frac{4}{ab}\int_0^a \int_0^b M_T(x,y)\sin\frac{m\pi x}{a}\sin\frac{n\pi y}{b}dxdy \tag{d} \quad \text{(Answer)}$$

[Problem 8.9]

Fundamental equation for the deflection w_2 is given by

$$(\frac{\partial^2}{\partial x^2}+\frac{\partial^2}{\partial y^2})^2 w_2 = 0, \quad \frac{\partial^4 w_2}{\partial x^4}+2\frac{\partial^4 w_2}{\partial x^2 \partial y^2}+\frac{\partial^4 w_2}{\partial y^4}=0 \tag{a}$$

Now, we assume that

$$w_2 = \sum_{m=1,3,5,\ldots}^{\infty} f_m(y)\cos\frac{m\pi x}{a} = \sum_{m=1,3,5,\ldots}^{\infty} f_m(y)\cos\alpha_m x, \quad \text{where } \alpha_m = \frac{m\pi}{a} \tag{b}$$

Then, the deflection w_2 is automatically satisfied by the following boundary condition of the simply-supported plate:

$$x = \pm \frac{a}{2} \quad ; \quad w_2 = \frac{\partial^2 w_2}{\partial x^2} = 0 \tag{c}$$

By the substitution of Eq. (b) into Eq. (a), we have

$$(\frac{d^4}{dy^4} - 2\alpha_m^2 \frac{d^2}{dy^2} + \alpha_m^4) f_m = 0 \tag{d}$$

Now, we put $f_m(y)$ into the form:

$$f_m(y) = \exp(ay) \tag{e}$$

By the substitution of Eq. (e) into Eq. (d), we have

$$a^4 - 2\alpha_m^2 a^2 + \alpha_m^4 = 0, \quad a = \pm \alpha_m \quad ; \text{multiple root} \tag{f}$$

From Eqs. (e) and (f), $f_m(y)$ is given as

$$\begin{aligned} f_m(y) &= \exp(+\alpha_m y), \; \exp(-\alpha_m y), \; y\exp(+\alpha_m y), \; y\exp(-\alpha_m y) \\ &= \cosh\alpha_m y, \; \sinh\alpha_m y, \; y\cosh\alpha_m y, \; y\sinh\alpha_m y \end{aligned} \tag{g}$$

Now, we choose the symmetrical solution from $f_m(y)$ with respect to y:

$$f_m(y) = C_{1m} \cosh\alpha_m y + C_{2m} \alpha_m y \sinh\alpha_m y \tag{h}$$

By the substitution of Eq. (h) into Eq. (b), the following result is obtained:

$$w_2 = \sum_{m=1,3,5,}^{\infty} (C_{1m} \cosh\alpha_m y + C_{2m} \alpha_m y \sinh\alpha_m y) \cos\alpha_m x \tag{i} \quad \text{(Answer)}$$

[Problem 8.10]

1) $\cosh\alpha_m y$

We assume that

$$\cosh\alpha_m y = \sum_{n=1,3,5,}^{\infty} a_n \cos\beta_n y, \quad \text{where} \quad \alpha_m = \frac{m\pi}{a}, \quad \beta_n = \frac{n\pi}{b} \tag{a}$$

Multiplying by $\cos\beta_{n'} y$ both sides of Eq. (a) and integrating over the domain under consideration, we have

$$\sum_{n=1,3,5,}^{\infty} a_n \int_{-b/2}^{b/2} \cos\beta_n y \cos\beta_{n'} y \, dy = \int_{-b/2}^{b/2} \cosh\alpha_m y \cos\beta_{n'} y \, dy \tag{b}$$

Now, we have the following relations:

$$\int_{-b/2}^{b/2} \cos\beta_n y \cos\beta_{n'} y \, dy = \begin{cases} \dfrac{b}{2} & ; \; n = n' \\ 0 & ; \; n \neq n' \end{cases} \tag{c}$$

111

$$\int_{-b/2}^{b/2} \cosh\alpha_m y \cos\beta_n y\, dy = \frac{1}{\alpha_m^2 + \beta_n^2}[\beta_n \cosh\alpha_m y \sin\beta_n y + \alpha_m \sinh\alpha_m y \cos\beta_n y]_{-b/2}^{b/2}$$

$$= \frac{2}{\alpha_m^2 + \beta_n^2}\beta_n \cosh\gamma_m (-1)^{(n-1)/2} \qquad (d)$$

where

$$\gamma_m = \alpha_m \frac{b}{2} = \frac{m\pi}{a}\frac{b}{2} \qquad (e)$$

Substitution of Eqs. (c) and (d) into Eq. (b) yields

$$a_n = \frac{2}{b}\frac{2}{\alpha_m^2 + \beta_n^2}\beta_n \cosh\gamma_m (-1)^{(n-1)/2}$$

Therefore,

$$\cosh\alpha_m y = \frac{4}{b}\cosh\gamma_m \sum_{n=1,3,5,}^{\infty}\frac{\beta_n}{\alpha_m^2 + \beta_n^2}(-1)^{(n-1)/2}\cos\beta_n y \qquad (f) \qquad \text{(Answer)}$$

2) $\alpha_m y \sinh\alpha_m y$

We assume that

$$\alpha_m y \sinh\alpha_m y = \sum_{n=1,3,5,}^{\infty} a_n \cos\beta_n y, \quad \text{where} \quad \alpha_m = \frac{m\pi}{a}, \quad \beta_n = \frac{n\pi}{b} \qquad (a)$$

Multiplying by $\cos\beta_{n'}y$ both sides of Eq. (a) and integrating over the domain under consideration, we have

$$\sum_{n=1,3,5,}^{\infty} a_n \int_{-b/2}^{b/2} \cos\beta_n y \cos\beta_{n'}y\, dy = \int_{-b/2}^{b/2} \alpha_m y \sinh\alpha_m y \cos\beta_{n'}y\, dy \qquad (b)$$

Now, we have the following relations:

$$\int_{-b/2}^{b/2} \cos\beta_n y \cos\beta_{n'}y\, dy = \begin{cases} \dfrac{b}{2} & ; \; n = n' \\ 0 & ; \; n \neq n' \end{cases} \qquad (c)$$

We now use the integral formula:

$$\int \cosh\alpha_m y \cos\beta_n y\, dy = \frac{1}{\alpha_m^2 + \beta_n^2}[\beta_n \cosh\alpha_m y \sin\beta_n y + \alpha_m \sinh\alpha_m y \cos\beta_n y] \qquad (d)$$

For Eq. (d), taking into account that α_m is a variable, we perform a differentiation with respect to α_m on both sides of Eq. (d). We receive

$$\int y \sinh\alpha_m y \cos\beta_n y\, dy$$

$$= \frac{1}{(\alpha_m^2 + \beta_n^2)^2}\{[(\alpha_m^2 + \beta_n^2)\beta_n y \sinh\alpha_m y - 2\alpha_m \beta_n \cosh\alpha_m y]\sin\beta_n y$$

$$+[(\beta_n^2 - \alpha_m^2)\sinh\alpha_m y + (\alpha_m^2 + \beta_n^2)\alpha_m y\cosh\alpha_m y]\cos\beta_n y\} \quad (e)$$

Therefore,

$$\int_{-b/2}^{b/2} y\sinh\alpha_m y\cos\beta_n y\,dy$$

$$= \frac{1}{(\alpha_m^2 + \beta_n^2)^2}\{[(\alpha_m^2 + \beta_n^2)\beta_n y\sinh\alpha_m y - 2\alpha_m\beta_n\cosh\alpha_m y]\sin\beta_n y$$

$$+[(\beta_n^2 - \alpha_m^2)\sinh\alpha_m y + (\alpha_m^2 + \beta_n^2)\alpha_m y\cosh\alpha_m y]\cos\beta_n y\}\Big|_{-b/2}^{b/2}$$

$$= \frac{2}{(\alpha_m^2 + \beta_n^2)^2}[(\alpha_m^2 + \beta_n^2)\beta_n\frac{b}{2}\sinh\gamma_m - 2\alpha_m\beta_n\cosh\gamma_m](-1)^{(n-1)/2} \quad (f)$$

Substituting Eqs. (c) and (f) into Eq. (b), we have

$$a_n = \frac{2}{b}\alpha_m\frac{2}{(\alpha_m^2 + \beta_n^2)^2}[(\alpha_m^2 + \beta_n^2)\beta_n\frac{b}{2}\sinh\gamma_m - 2\alpha_m\beta_n\cosh\gamma_m](-1)^{(n-1)/2}$$

$$= \frac{2}{b}\frac{2\beta_n}{(\alpha_m^2 + \beta_n^2)^2}[(\alpha_m^2 + \beta_n^2)\gamma_m\sinh\gamma_m - 2\alpha_m^2\cosh\gamma_m](-1)^{(n-1)/2} \quad (g)$$

By the substitution of Eq. (g) into Eq. (a), we receive

$$\alpha_m y\sinh\alpha_m y$$

$$= \frac{4}{b}\sum_{n=1,3,5,}^{\infty}\frac{\beta_n}{(\alpha_m^2 + \beta_n^2)^2}[(\alpha_m^2 + \beta_n^2)\gamma_m\sinh\gamma_m - 2\alpha_m^2\cosh\gamma_m](-1)^{(n-1)/2}\cos\beta_n y$$

(h)   (Answer)

3) $\cosh\beta_n x$

We assume that

$$\cosh\beta_n x = \sum_{m=1,3,5,}^{\infty} a_m\cos\alpha_m x, \quad \text{where} \quad \alpha_m = \frac{m\pi}{a}, \quad \beta_n = \frac{n\pi}{b} \quad (a)$$

Multiplying by $\cos\alpha_m x$ both sides of Eq. (a), and integrating over the domain under consideration, we have

$$\sum_{m=1,3,5,}^{\infty} a_m\int_{-a/2}^{a/2}\cos\alpha_m x\cos\alpha_m x\,dx = \int_{-a/2}^{a/2}\cosh\beta_n x\cos\alpha_m x\,dx \quad (b)$$

Now, we have the following relations:

$$\int_{-a/2}^{a/2}\cos\alpha_m x\cos\alpha_{m'} x\,dx = \begin{cases} \dfrac{a}{2} & ;\ m = m' \\ 0 & ;\ m \neq m' \end{cases} \quad (c)$$

$$\int_{-b/2}^{b/2}\cosh\alpha_m x\cos\alpha_m x\,dx = \frac{1}{\alpha_m^2 + \beta_n^2}[\alpha_m\cosh\beta_n x\sin\alpha_m x + \beta_n\sinh\beta_n x\cos\alpha_m x]\Big|_{-a/2}^{a/2}$$

$$= \frac{2}{\alpha_m^2 + \beta_n^2} \alpha_m \cosh \delta_n (-1)^{(m-1)/2} \qquad (d)$$

where

$$\delta_n = \beta_n \frac{a}{2} = \frac{n\pi}{b} \frac{a}{2} \qquad (e)$$

Substituting Eqs. (c) and (d) into Eq. (b), we have

$$a_m = \frac{2}{a} \frac{2}{\alpha_m^2 + \beta_n^2} \alpha_m \cosh \delta_n (-1)^{(m-1)/2} \qquad (f)$$

Therefore, we have a following result from Eq. (a):

$$\cosh \beta_n x = \frac{4}{a} \cosh \delta_n \sum_{m=1,3,5,}^{\infty} \frac{\alpha_m}{\alpha_m^2 + \beta_n^2} (-1)^{(m-1)/2} \cos \alpha_m x \qquad (g) \qquad \text{(Answer)}$$

4) $\beta_n x \sinh \beta_n x$

We assume that

$$\beta_n x \sinh \beta_n x = \sum_{m=1,3,5,}^{\infty} a_m \cos \alpha_m x, \quad \text{where} \quad \alpha_m = \frac{m\pi}{a}, \quad \beta_n = \frac{n\pi}{b} \qquad (a)$$

Multiplying by $\cos \alpha_m x$ both sides of Eq. (a), and integrating over the domain under consideration, we have

$$\sum_{m=1,3,5,}^{\infty} a_m \int_{-a/2}^{a/2} \cos \alpha_m x \cos \alpha_m x dx = \int_{-a/2}^{a/2} \beta_n x \sinh \beta_n x \cos \alpha_m x dx \qquad (b)$$

Now, we have the following relations.

$$\int_{-a/2}^{a/2} \cos \alpha_m x \cos \alpha_{m'} x dx = \begin{cases} \dfrac{a}{2} & ; \quad m = m' \\ 0 & ; \quad m \neq m' \end{cases} \qquad (c)$$

$$\int \cosh \beta_n x \cos \alpha_m x dx = \frac{1}{\alpha_m^2 + \beta_n^2} [\alpha_m \cosh \beta_n x \sin \alpha_m x + \beta_n \sinh \beta_n x \cos \alpha_m x] \qquad (d)$$

For Eq. (d), taking into account that β_n is a variable, we perform a differentiation with respect to β_n on the both sides of Eq. (d), then we have

$$\int x \sinh \beta_n x \cos \alpha_m x dx$$

$$= \frac{1}{(\alpha_m^2 + \beta_n^2)^2} \{[(\alpha_m^2 + \beta_n^2)\alpha_m x \sinh \beta_n x - 2\alpha_m \beta_n \cosh \beta_n x] \sin \alpha_m x$$

$$+ [(\alpha_m^2 - \beta_n^2)\sinh \beta_n x + (\alpha_m^2 + \beta_n^2)\beta_n x \cosh \beta_n x] \cos \alpha_m x \} \qquad (e)$$

$$\int_{-a/2}^{a/2} x \sinh\beta_n x \cos\alpha_m x \, dx$$

$$= \frac{1}{(\alpha_m^2+\beta_n^2)^2}\{[(\alpha_m^2+\beta_n^2)\alpha_m x \sinh\beta_n x - 2\alpha_m\beta_n \cosh\beta_n x]\sin\alpha_m x$$

$$+[(\alpha_m^2-\beta_n^2)\sinh\beta_n x + (\alpha_m^2+\beta_n^2)\beta_n x\cosh\beta_n x]\cos\alpha_m x\}\Big|_{-a/2}^{a/2}$$

$$= \frac{2\alpha_m}{(\alpha_m^2+\beta_n^2)^2}\{[(\alpha_m^2+\beta_n^2)\frac{a}{2}\sinh\delta_n - 2\beta_n\cosh\delta_n](-1)^{(m-1)/2} \qquad (f)$$

Substituting Eqs. (c) and (f) into Eq. (b), we have

$$a_m = \frac{2}{a}\beta_n \frac{2\alpha_m}{(\alpha_m^2+\beta_n^2)^2}\{[(\alpha_m^2+\beta_n^2)\frac{a}{2}\sinh\delta_n - 2\beta_n\cosh\delta_n](-1)^{(m-1)/2}$$

$$= \frac{2}{a}\frac{2\alpha_m}{(\alpha_m^2+\beta_n^2)^2}\{[(\alpha_m^2+\beta_n^2)\delta_n\sinh\delta_n - 2\beta_n^2\cosh\delta_n](-1)^{(m-1)/2} \qquad (g)$$

By the substitution of Eq. (g) into Eq. (a), we have a following result.

$$\beta_n x \sinh\beta_n x$$

$$= \frac{4}{a}\sum_{m=1,3,5,}^{\infty} \frac{\alpha_m}{(\alpha_m^2+\beta_n^2)^2}\{[(\alpha_m^2+\beta_n^2)\delta_n\sinh\delta_n - 2\beta_n^2\cosh\delta_n](-1)^{(m-1)/2}\cos\alpha_m x$$

(h)   (Answer)

Chapter 9

[Problem 9.1]

Making use of Eqs. (9.1) and (9.2), we have the following relations when the x, y axes are the principal axes:

$$\sigma_x = -\alpha E \tau(x,y,z) + \frac{P_T}{A} + \frac{Ey}{\rho_y} + \frac{Ez}{\rho_z} \tag{a}$$

$$\frac{1}{\rho_y} = \frac{M_{Tz}}{EI_z}, \quad \frac{1}{\rho_z} = \frac{M_{Ty}}{EI_y} \tag{b}$$

Therefore,

$$\sigma_x = -\alpha E \tau(x,y,z) + \frac{P_T}{A} + \frac{M_{Tz}}{I_z} y + \frac{M_{Ty}}{I_y} z \tag{c}$$

From Eq. (9.3) we have

$$P_T = \int_A \alpha E \tau(x,y,z) dA, \quad M_{Tz} = \int_A \alpha E \tau(x,y,z) y dA, \quad M_{Ty} = \int_A \alpha E \tau(x,y,z) z dA \tag{d}$$

The assumptions are

$$M_{Ty} = f(x), \quad \tau(x,y,z) = \tau_0(x) g(y,z) \tag{e}$$

The substitution of Eq. (e) into Eq. (d) leads to

$$f(x) = \int_A \alpha E \tau_0(x) g(y,z) z dA, \quad \therefore \quad \alpha E \tau_0(x) = \frac{f(x)}{\int_A g(y,z) z dA} \tag{f}$$

By the substitution of Eq. (f) into Eq. (d), we get

$$P_T = \alpha E \tau_0(x) \int_A g(y,z) dA = f(x) \frac{\int_A g(y,z) dA}{\int_A g(y,z) z dA}, \tag{g}$$

$$M_{Tz} = \alpha E \tau_0(x) \int_A g(y,z) y dA = f(x) \frac{\int_A g(y,z) y dA}{\int_A g(y,z) z dA} \tag{h}$$

Now, substituting Eqs. (e) – (h) into Eq. (c), the following result can be derived:

$$\sigma_x = \frac{f(x)}{\int_A g(y,z) z dA} [-g(y,z) + \frac{1}{A} \int_A g(y,z) dA + \frac{y}{I_z} \int_A g(y,z) y dA + \frac{z}{I_y} \int_A g(y,z) z dA]$$

(i)   (Answer)

[Problem 9.2]

For the built-in edge condition, the deflection w is represented by Eq. (9.44), namely

$$w = C_1 \cos kx + C_2 \sin kx - \frac{1}{P}[D_1 + M_0 + (D_2 + R_0)x] \qquad (a)$$

The boundary conditions for the built-in edge are given by Eq. (9.45), namely

$$x = 0, \quad x = \ell \; ; \; w = 0, \; \frac{dw}{dx} = 0 \qquad (b)$$

By the substitution of the condition at $x = 0$; $w = 0$, $dw/dx = 0$ into Eq. (a), it follows that

$$D_1 + M_0 = C_1 P, \quad D_2 + R_0 = PkC_2 \qquad (c)$$

Te substitution of Eq. (c) into Eq. (a) yields

$$w = C_1(\cos kx - 1) + C_2(\sin kx - kx) \qquad (d)$$

Now, making use of the boundary condition at $x = \ell$; $w = 0$, $dw/dx = 0$, a system of simultaneous equations is derived, which is given by Eq. (9.47):

$$\begin{pmatrix} \cos k\ell - 1, \sin k\ell - k\ell \\ -\sin kl, \; \cos k\ell - 1 \end{pmatrix} \begin{pmatrix} C_1 \\ C_2 \end{pmatrix} = \begin{pmatrix} 0 \\ 0 \end{pmatrix} \qquad (e)$$

From Eq. (e), it can be seen that

$$C_1 = 0, \; C_2 = 0 \; ; \; \text{Prebuckling state} \qquad (f)$$

$$\begin{vmatrix} \cos k\ell - 1, \sin k\ell - k\ell \\ -\sin k\ell, \; \cos k\ell - 1 \end{vmatrix} = 0 \; ; \; \text{Postbuckling state} \qquad (g)$$

By the substitution of Eq. (f) into Eq. (d), it follows that

$$w = 0 \quad ; \; \text{Prebuckling state} \qquad (h) \qquad \text{(Answer)}$$

[Problem 9.3]

Referring to Figure 9.2, we now consider the moment balance at the point A. We have

$$M_y - (M_y + dM_y) + (F_z + dF_z)dx + P\frac{dw}{dx}dx = 0, \qquad (a)$$

$$\therefore \; F_z + dF_z - \frac{dM_y}{dx} + P\frac{dw}{dx} = 0, \quad \therefore \; F_z = \frac{dM_y}{dx} - P\frac{dw}{dx} \qquad (b) \qquad \text{(Answer)}$$

[Problem 9.4]
1) Simply-supported edge
In this case, the fundamental solution for the deflection w is represented by Eq. (9.20), namely

$$w = C_1 \cos kx + C_2 \sin kx - \frac{1}{P}(D_1 + D_2 x), \quad \text{where } k^2 = \frac{P}{EI_y} \tag{a}$$

The boundary conditions are given by Eq. (9.16)

$$x = 0, \; x = \ell \; ; \; w = 0, \; EI_y \frac{d^2 w}{dx^2} + (D_1 + D_2 x) = 0 \tag{b}$$

From Eq. (a), we have

$$\frac{d^2 w}{dx^2} = -k^2 (C_1 \cos kx + C_2 \sin kx) \tag{c}$$

Now, we apply various boundary conditions.
a) $x = 0 \; ; \; w = 0$
From Eq. (a), it follows that

$$C_1 - \frac{1}{P} D_1 = 0 \; ; \; \therefore \; C_1 = \frac{1}{P} D_1 \tag{d}$$

b) $x = 0 \; ; \; EI_y \dfrac{d^2 w}{dx^2} + (D_1 + D_2 x) = 0$

From Eqs. (c) and (a), it follows that

$$-EI_y k^2 C_1 + D_1 = 0, \quad \therefore \; C_1 = \frac{D_1}{EI_y k^2} = \frac{1}{P} D_1 \tag{e}$$

This relation is identical to Eq. (d).
c) $x = \ell \; ; \; w = 0$
From Eq. (a), it follows that

$$C_1 \cos k\ell + C_2 \sin k\ell = \frac{1}{P}(D_1 + D_2 \ell) \tag{f}$$

d) $x = \ell \; ; \; EI_y \dfrac{d^2 w}{dx^2} + (D_1 + D_2 x) = 0$

From Eqs. (c) and (a), it follows that

$$EI_y(-k^2)(C_1 \cos k\ell + C_2 \sin k\ell) + (D_1 + D_2 \ell) = 0,$$

$$\therefore \quad C_1 \cos k\ell + C_2 \sin k\ell = \frac{1}{P}(D_1 + D_2\ell) \qquad (g)$$

This relation is identical to Eq. (f).

Now, by the substitution of Eq. (e) into Eq. (f), we get

$$C_2 = \frac{1}{P}\frac{1}{\sin k\ell}[D_1(1-\cos k\ell) + D_2\ell] \qquad (h)$$

Substitution of Eqs. (d) and (h) into Eq. (a) leads the following result:

$$w = \frac{1}{P}\{D_1[\cos kx - 1 + \frac{1-\cos k\ell}{\sin k\ell}\sin kx] + \frac{D_2}{k}[\frac{k\ell \sin kx}{\sin k\ell} - kx]\} \qquad (i) \text{ (Answer)}$$

2) Cantilever beam-column

In this case, the fundamental solution for the deflection w is represented by Eq. (9.29), namely

$$w = C_1 \cos kx + C_2 \sin kx + w_0 - \frac{1}{P}(D_1 + D_2 x), \quad \text{where} \quad k^2 = \frac{P}{EI_y} \qquad (a)$$

And, the boundary conditions are given by Eq. (9.25), namely

$$x = 0, \; ; \; w = 0, \; \frac{dw}{dx} = 0, \qquad (b)$$

$$x = \ell \; ; \; EI_y \frac{d^2w}{dx^2} + (D_1 + D_2 x) = 0, \; EI_y \frac{d^3w}{dx^3} + P\frac{dw}{dx} + D_2 = 0 \qquad (c)$$

From Eq. (a), we have

$$\frac{dw}{dx} = -kC_1 \sin kx + kC_2 \cos kx - \frac{1}{P}D_2,$$

$$\frac{d^2w}{dx^2} = -k^2(C_1 \cos kx + C_2 \sin kx) = -\frac{P}{EI_y}(C_1 \cos kx + C_2 \sin kx),$$

$$\frac{d^3w}{dx^3} = -\frac{Pk}{EI_y}(-C_1 \sin kx + C_2 \cos kx) \qquad (d)$$

Now, we use various boundary conditions.

a) $x = 0 \; ; \; w = 0$

From Eq. (a), it follows that

$$C_1 + w_0 = \frac{1}{P}D_1 \qquad (e)$$

b) $x = 0 \; ; \; \frac{dw}{dx} = 0$

From Eqs. (d), it follows that

$$C_2 = \frac{1}{Pk} D_2 \tag{f}$$

c) $x = \ell$; $w = w_0$

From Eq. (a), it follows that

$$C_1 \cos k\ell + C_2 \sin k\ell + w_0 - \frac{1}{P}(D_1 + D_2\ell) = w_0,$$

$$\therefore \quad C_1 \cos k\ell + C_2 \sin k\ell = \frac{1}{P}(D_1 + D_2\ell) \tag{g}$$

Substituting Eq. (f) into Eq. (g), we have

$$C_1 = \frac{1}{P}\frac{1}{\cos k\ell}[D_1 + \frac{D_2}{k}(k\ell - \sin k\ell)] \tag{h}$$

By the substitution of Eq. (h) into Eq. (e), we get

$$w_0 = \frac{1}{P}\frac{1}{\cos k\ell}[D_1(\cos k\ell - 1) - \frac{D_2}{k}(k\ell - \sin k\ell)] \tag{i}$$

d) $x = \ell$; $EI_y \dfrac{d^2 w}{dx^2} + (D_1 + D_2 x) = 0$

From Eq. (d), it follows that

$$-P(C_1 \cos k\ell + C_2 \sin k\ell) + (D_1 + D_2\ell) = 0 \tag{j}$$

Substituting Eqs. (f) and (h) into Eq. (j), it may be seen that equation (j) is identically satisfied.

e) $x = \ell$; $EI_y \dfrac{d^3 w}{dx^3} + P \dfrac{dw}{dx} + D_2 = 0$

From Eq. (d), it follows that

$$-Pk(-C_1 \sin k\ell + C_2 \cos k\ell) + P(-C_1 k \sin k\ell + C_2 k \cos k\ell - \frac{D_2}{P}) + D_2 = 0 \tag{k}$$

It may be seen that this equation (k) is identically satisfied.

Now, substitution of Eq. (f), (h) and (i) into Eq. (a) leads the following result:

$$w = \frac{1}{P\cos k\ell}\{D_1(\cos kx - 1) + \frac{D_2}{k}[(k\ell - \sin k\ell)(\cos kx - 1) + \cos k\ell(\sin kx - kx)]\}$$

(l)   (Answer)

3) One edge simply-supported and other one built-in

In this case, the fundamental solution for the deflection w is represented by Eq. (9.36), namely

$$w = C_1 \cos kx + C_2 \sin kx + w_0 - \frac{1}{P}[D_1 + (D_2 + R_0)x], \quad \text{where} \quad k^2 = \frac{P}{EI_y} \qquad (a)$$

The boundary conditions are given by Eq. (9.37).

$$x = 0 \; ; \; w = 0, \quad EI_y \frac{d^2w}{dx^2} + (D_1 + D_2 x) = 0 \qquad (b)$$

$$x = \ell \; ; \; w = 0, \quad \frac{dw}{dx} = 0 \qquad (c)$$

From Eq. (a), we have

$$\frac{dw}{dx} = -kC_1 \sin kx + kC_2 \cos kx - \frac{1}{P}(D_2 + R_0),$$

$$\frac{d^2w}{dx^2} = -k^2(C_1 \cos kx + C_2 \sin kx) = -\frac{P}{EI_y}(C_1 \cos kx + C_2 \sin kx) \qquad (d)$$

Now, we use various boundary conditions.

a) $x = 0 \; ; \; w = 0$

From Eq. (a), it follows that

$$C_1 = \frac{1}{P} D_1 \qquad (e)$$

b) $x = 0 \; ; \; EI_y \frac{d^2w}{dx^2} + (D_1 + D_2 x) = 0$

From Eqs. (d), it follows that

$$C_1 = \frac{1}{P} D_1 \qquad (f)$$

It can be seen that Eq. (f) is identical to Eq. (e).

c) $x = \ell \; ; \; w = 0$

From Eq. (a), it follows that

$$C_1 \cos k\ell + C_2 \sin k\ell - \frac{1}{P}[D_1 + (D_2 + R_0)\ell] = 0 \qquad (g)$$

By the substitution of Eq. (f) into Eq. (g), we get

$$C_2 \sin k\ell - \frac{\ell}{P} R_0 = \frac{1}{P}[D_1(1 - \cos k\ell) + D_2 \ell] \qquad (h)$$

d) $x = \ell \; ; \; \frac{dw}{dx} = 0$

From Eq. (d), it follows that

$$-C_1 k \sin k\ell + C_2 k \cos k\ell - \frac{1}{P}(D_2 + R_0) = 0 \qquad (i)$$

By the substitution of Eq. (f) into Eq. (i), we receive

$$C_2 k \cos k\ell - \frac{1}{P} R_0 = \frac{1}{P}(D_1 k \sin k\ell + D_2) \qquad (j)$$

From Eqs. (h) and (j), the following simultaneous equations are derived:

$$\begin{pmatrix} \sin k\ell, & -\ell \\ k \cos kl, & -1 \end{pmatrix} \begin{pmatrix} C_2 \\ R_0/P \end{pmatrix} = \frac{1}{P}\begin{pmatrix} D_1(1-\cos k\ell) + D_2 \ell \\ D_1 k \sin k\ell + D_2 \end{pmatrix} \qquad (k)$$

Then, we have

$$C_2 = \frac{D_1}{P(k\ell \cos k\ell - \sin k\ell)}[k\ell \sin k\ell + \cos k\ell - 1],$$

$$R_0 = \frac{D_1}{k\ell \cos k\ell - \sin k\ell} k(1-\cos k\ell) - D_2 \qquad (l)$$

Now, the substitution of Eq. (f) and (l) into Eq. (a) leads to

$$w = \frac{D_1}{P}\{\cos kx - 1 + \frac{1}{k\ell \cos k\ell - \sin k\ell}[(\cos k\ell - 1)(kx + \sin kx) + k\ell \sin k\ell \sin kx]\}$$

(m)   (Answer)

[Problem 9.5]

a) Both edges simply supported

In this case, the fundamental equation for deflection w is given by Eq. (9.18), which is written as

$$EI_y \frac{d^2 w}{dx^2} + Pw = -M_{Ty}(x) \qquad (a)$$

Then, the simultaneous solution for Eq. (a) is given by

$$w_{c1} = C_1 \cos kx, \quad w_{c2} = C_2 \sin kx \;; \quad \text{where} \quad k^2 = \frac{P}{EI_y} \qquad (b)$$

To solve the fundamental equation (a), we apply the methods of variation of parameters. We take

$$u_1 = \cos kx, \quad u_2 = \sin kx, \quad R = -M_{Ty}(x)/EI_y \qquad (c)$$

Then, the wronskian W is given by

$$W = \begin{vmatrix} \cos kx, & \sin kx \\ -k \sin kx, & k \cos kx \end{vmatrix} = k \qquad (d)$$

Therefore, the following relations are derived:

$$\frac{dA_1}{dx} = -\frac{Ru_2}{W} = \frac{1}{EI_y k} M_{Ty}(x)\sin kx, \quad \therefore \ A_1 = \frac{1}{EI_y k}\int M_{Ty}(x)\sin kx dx \quad (e)$$

$$\frac{dA_2}{dx} = \frac{Ru_1}{W} = -\frac{1}{EI_y k} M_{Ty}(x)\cos kx, \quad \therefore \ A_2 = -\frac{1}{EI_y k}\int M_{Ty}(x)\cos kx dx \quad (f)$$

The particular solution w_p is given as

$$w_p = A_1 u_1 + A_2 u_2 = \frac{1}{EI_y k}[\cos kx \int M_{Ty}(x)\sin kx dx - \sin kx \int M_{Ty}(x)\cos kx dx] \quad (g)$$

From Eqs. (b) and (g), the fundamental solution for w is represented by

$$w = C_1 \cos kx + C_2 \sin kx + \frac{1}{EI_y k}[\cos kx \int M_{Ty}(x)\sin kx dx - \sin kx \int M_{Ty}(x)\cos kx dx]$$

$$w = C_1 \cos kx + C_2 \sin kx + \frac{1}{EI_y k}[\cos kx \int_0^x M_{Ty}(x')\sin kx' dx' - \sin kx \int_0^x M_{Ty}(x')\cos kx' dx']$$

(h)

The boundary conditions are given by Eq. (9.12').

$$x = 0, \ x = \ell \ ; \ w = 0, \ EI_y \frac{d^2 w}{dx^2} + M_{Ty}(x) = 0 \quad (i)$$

From Eq. (h) we have

$$\frac{d^2 w}{dx^2} = -k^2 (C_1 \cos kx + C_2 \sin kx)$$

$$-\frac{1}{EI_y}[k\cos kx \int_0^x M_{Ty}(x')\sin kx' dx' - k\sin kx \int_0^x M_{Ty}(x')\cos kx' dx' + M_{Ty}(x)] \quad (j)$$

Now, we use various boundary conditions.

a) $x = 0 \ ; \ w = 0$

From Eq. (h), it follows that

$$C_1 = 0 \quad (k)$$

b) $x = 0 \ ; \ EI_y \dfrac{d^2 w}{dx^2} + M_{Ty}(x) = 0$

From Eq. (j), it follows that

$$EI_y[-k^2 C_1 - \frac{1}{EI_y} M_{Ty}(0)] + M_{Ty}(0) = 0, \quad \therefore \ C_1 = 0 \quad (l)$$

This relation is identical to Eq. (k).

c) $x = \ell \ ; \ w = 0$

From Eq. (h) and Eq. (k), it follows that

$$C_2 \sin k\ell + \frac{1}{EI_y k}[\cos k\ell \int_0^\ell M_{Ty}(x')\sin kx' dx' - \sin k\ell \int_0^\ell M_{Ty}(x')\cos kx' dx'] = 0$$

$$\therefore\ C_2 = -\frac{k}{P}[\cot k\ell \int_0^\ell M_{Ty}(x')\sin kx'dx' - \int_0^\ell M_{Ty}(x')\cos kx'dx'] \qquad (m)$$

d) $x = \ell$; $EI_y \dfrac{d^2w}{dx^2} + M_{Ty}(x) = 0$

From Eqs. (j) and (k), it follows that

$$EI_y[-k^2 C_2 \sin k\ell] - [k\cos k\ell \int_0^\ell M_{Ty}(x')\sin kx'dx'$$

$$- k\sin k\ell \int_0^\ell M_{Ty}(x')\cos kx'dx' + M_{Ty}(l)] + M_{Ty}(l) = 0$$

$$\therefore\ C_2 = -\frac{k}{P}[\cot k\ell \int_0^\ell M_{Ty}(x')\sin kx'dx' - \int_0^\ell M_{Ty}(x')\cos kx'dx'] \qquad (n)$$

This relation is identical to Eq. (m).

Substitution of Eqs. (k) and (m) into Eq. (h) leads the following result:

$$w = \frac{k}{P}[\sin kx \int_x^\ell M_{Ty}(x')\cos kx'dx' + \cos kx \int_0^x M_{Ty}(x')\sin kx'dx'$$

$$- \cot k\ell \sin kx \int_0^\ell M_{Ty}(x')\sin kx'dx'] \qquad (o) \quad \text{(Answer)}$$

b) Cantilever beam

In this case, the fundamental equation for deflection w is given by Eq. (9.27), which is written as

$$EI_y \frac{d^2w}{dx^2} + Pw = Pw_0 - M_{Ty}(x) \qquad (a)$$

Then, the simultaneous solution for Eq. (a) is given by

$$w_{c1} = C_1 \cos kx, \quad w_{c2} = C_2 \sin kx \ ; \ \text{where} \ k^2 = \frac{P}{EI_y} \qquad (b)$$

Furthermore, the particular solution for Eq. (a) corresponding to the right-hand side term Pw_0 is obviously given by

$$w_{p1} = w_0 \qquad (c)$$

On the other hand, the particular solution for Eq. (a) corresponding to the right-hand side of the remaining term $-M_{Ty}(x)$ is already obtained in the previous section for the boundary conditions of the both sides being simply supported. Namely, referring to the result of Eq. (g) in the previous section, we have

$$w_{p2} = \frac{1}{EI_y k}[\cos kx \int M_{Ty}(x)\sin kx dx - \sin kx \int M_{Ty}(x)\cos kx dx] \quad (d)$$

From Eqs. (b), (c) and (d), the fundamental solution for w is

$$w = C_1 \cos kx + C_2 \sin kx + w_0 + \frac{1}{EI_y k}[\cos kx \int M_{Ty}(x)\sin kx dx$$

$$- \sin kx \int M_{Ty}(x)\cos kx dx]$$

$$\therefore w = C_1 \cos kx + C_2 \sin kx + w_0$$

$$+ \frac{k}{P}[\cos kx \int_0^x M_{Ty}(x')\sin kx' dx' - \sin kx \int_0^x M_{Ty}(x')\cos kx' dx'] \quad (e)$$

The boundary conditions are given by Eqs. (9.11) and (9.13'):

$$x = 0, \ ; \ w = 0, \ \frac{dw}{dx} = 0, \quad (f)$$

$$x = \ell \ ; \ EI_y \frac{d^2 w}{dx^2} + M_{Ty}(x) = 0, \ EI_y \frac{d^3 w}{dx^3} + P\frac{dw}{dx} + \frac{dM_{Ty}}{dx} = 0 \quad (g)$$

From Eq. (e), we have

$$\frac{dw}{dx} = -C_1 k \sin kx + C_2 k \cos kx$$

$$- \frac{k^2}{P}[\sin kx \int_0^x M_{Ty}(x')\sin kx' dx' + \cos kx \int_0^x M_{Ty}(x')\cos kx' dx'],$$

$$\frac{d^2 w}{dx^2} = -k^2(C_1 \cos kx + C_2 \sin kx)$$

$$- \frac{k^2}{P}[k \cos kx \int_0^x M_{Ty}(x')\sin kx' dx' - k \sin kx \int_0^x M_{Ty}(x')\cos kx' dx' + M_{Ty}(x)],$$

$$\frac{d^3 w}{dx^3} = +k^3(C_1 \sin kx - C_2 \cos kx)$$

$$- \frac{k^2}{P}[-k^2 \sin kx \int_0^x M_{Ty}(x')\sin kx' dx' - k^2 \cos kx \int_0^x M_{Ty}(x')\cos kx' dx' + \frac{dM_{Ty}}{dx}] \quad (h)$$

Now, we use various boundary conditions.

a) $x = 0 \ ; \ w = 0$

From Eq. (h), it follows that

$$C_1 + w_0 = 0, \ \therefore \ w_0 = -C_1 \quad (i)$$

b) $x = 0 \ ; \ \frac{dw}{dx} = 0$

From Eq. (h), it follows that

$$C_2 k = 0, \quad \therefore \quad C_2 = 0 \qquad (j)$$

c) $x = \ell$; $EI_y \dfrac{d^2 w}{dx^2} + M_{Ty}(x) = 0$

From Eqs. (h) and (j), it follows that

$$EI_y\{-k^2 C_1 \cos k\ell - \frac{k^2}{P}[k \cos k\ell \int_0^\ell M_{Ty}(x')\sin kx'\,dx'$$

$$- k \sin k l \int_0^\ell M_{Ty}(x')\cos kx'\,dx' + M_{Ty}(l)]\} + M_{Ty}(\ell) = 0,$$

$$\therefore \quad C_1 = \frac{k}{P}[-\int_0^\ell M_{Ty}(x')\sin kx'\,dx' + \tan k\ell \int_0^\ell M_{Ty}(x')\cos kx'\,dx'] \qquad (k)$$

d) $x = \ell$; $EI_y \dfrac{d^3 w}{dx^3} + P\dfrac{dw}{dx} + \dfrac{dM_{Ty}}{dx} = 0$

From Eqs. (h) and (j), it follows that

$$EI_y\{k^3 C_1 \sin k\ell - \frac{k^2}{P}[-k^2 \sin k\ell \int_0^\ell M_{Ty}(x')\sin kx'\,dx'$$

$$- k^2 \cos k l \int_0^\ell M_{Ty}(x')\cos kx'\,dx' + \frac{dM_{Ty}}{dx}\Big|_{x=\ell}]\} + P\{-C_1 k \sin k\ell$$

$$- \frac{k^2}{P}[\sin k\ell \int_0^\ell M_{Ty}(x')\sin kx'\,dx' + \cos k\ell \int_0^\ell M_{Ty}(x')\cos kx'\,dx']\} + \frac{dM_{Ty}}{dx}\Big|_{x=\ell} = 0$$

$$\qquad (l)$$

It can be seen that this relation is identically satisfied.

Substitution of Eqs. (i), (j) and (k) into Eq. (e) leads to the following result:

$$w = \frac{k}{P}\{(\cos kx - 1)[-\int_0^\ell M_{Ty}(x')\sin kx'\,dx' + \tan k\ell \int_0^\ell M_{Ty}(x')\cos kx'\,dx']$$

$$+ \cos kx \int_0^x M_{Ty}(x')\sin kx'\,dx' - \sin kx \int_0^x M_{Ty}(x')\cos kx'\,dx'\} \qquad (m) \quad \text{(Answer)}$$

c) One edge simply-supported and the other one built-in

In this case, the fundamental equation for deflection w is given by Eq. (9.34):

$$EI_y \frac{d^2 w}{dx^2} + Pw = -R_0 x - M_{Ty}(x) \qquad (a)$$

Then, the simultaneous solution for Eq. (a) is

$$w_{c1} = C_1 \cos kx, \quad w_{c2} = C_2 \sin kx \ ; \quad \text{where} \quad k^2 = \frac{P}{EI_y} \qquad (b)$$

126

Furthermore, the particular solution for Eq. (a) corresponding to the right-hand side term $-R_0 x$ is obviously given by

$$w_{p1} = -\frac{R_0}{P}x \tag{c}$$

On the other hand, the particular solution for Eq. (a) corresponding to the right-hand side of the remaining term $-M_{Ty}(x)$ is already obtained in the previous section for the boundary conditions of the both sides being simply supported. Namely, referring to the result of Eq. (g) in the previous section, we have

$$w_{p2} = \frac{1}{EI_y k}[\cos kx \int M_{Ty}(x)\sin kx\, dx - \sin kx \int M_{Ty}(x)\cos kx\, dx] \tag{d}$$

From Eqs. (b), (c) and (d), the fundamental solution for w is represented as

$$w = C_1 \cos kx + C_2 \sin kx - \frac{R_0}{P}x + \frac{1}{EI_y k}[\cos kx \int M_{Ty}(x)\sin kx\, dx$$
$$- \sin kx \int M_{Ty}(x)\cos kx\, dx]$$

$$\therefore\ w = C_1 \cos kx + C_2 \sin kx - \frac{R_0}{P}x$$
$$+ \frac{k}{P}[\cos kx \int_0^x M_{Ty}(x')\sin kx'\, dx' - \sin kx \int_0^x M_{Ty}(x')\cos kx'\, dx'] \tag{e}$$

The boundary conditions are given by Eqs. (9.11) and (9.12'):

$$x=0\ ;\ w=0,\ \ EI_y \frac{d^2 w}{dx^2} + M_{Ty}(x) = 0$$

$$x=\ell\ ;\ w=0,\ \ \frac{dw}{dx}=0 \tag{f}$$

From Eq. (e), we have

$$\frac{dw}{dx} = -C_1 k \sin kx + C_2 k \cos kx - \frac{R_0}{P}$$
$$- \frac{k^2}{P}[\sin kx \int_0^x M_{Ty}(x')\sin kx'\, dx' + \cos kx \int_0^x M_{Ty}(x')\cos kx'\, dx'],$$

$$\frac{d^2 w}{dx^2} = -k^2(C_1 \cos kx + C_2 \sin kx)$$
$$- \frac{k^2}{P}[k\cos kx \int_0^x M_{Ty}(x')\sin kx'\, dx' - k\sin kx \int_0^x M_{Ty}(x')\cos kx'\, dx' + M_{Ty}(x)] \tag{g}$$

Now, we use various boundary conditions.
a) $x=0\ ;\ w=0$

From Eq. (e), it follows that
$$C_1 = 0 \quad \text{(h)}$$

b) $x = 0$; $EI_y \dfrac{d^2w}{dx^2} + M_{Ty}(x) = 0$

From Eqs. (g) and (h), we get
$$EI_y(-\dfrac{k^2}{P})M_{Ty}(0) + M_{Ty}(0) = 0 \quad \text{(i)}$$

It can be seen that this relation is identically satisfied.

c) $x = \ell$; $w = 0$

From Eqs. (e) and (h), we have
$$C_2 \sin k\ell - \dfrac{R_0}{P}\ell + \dfrac{k}{P}[\cos k\ell \int_0^\ell M_{Ty}(x')\sin kx'dx' - \sin k\ell \int_0^\ell M_{Ty}(x')\cos kx'dx'] = 0 \quad \text{(j)}$$

d) $x = \ell$; $\dfrac{dw}{dx} = 0$

From Eqs. (g) and (h), we receive
$$C_2 k \cos k\ell - \dfrac{R_0}{P} - \dfrac{k^2}{P}[\sin k\ell \int_0^\ell M_{Ty}(x')\sin kx'dx' + \cos k\ell \int_0^\ell M_{Ty}(x')\cos kx'dx'] = 0 \quad \text{(k)}$$

From Eqs. (j) and (k), the following simultaneous equations are derived:
$$\begin{pmatrix} \sin k\ell, & -\ell \\ k\cos k l, & -1 \end{pmatrix} \begin{pmatrix} C_2 \\ R_0/P \end{pmatrix} = -\dfrac{k}{P}\begin{pmatrix} b_1 \\ b_2 \end{pmatrix} \quad \text{(l)}$$

where
$$b_1 = \cos k\ell \int_0^\ell M_{Ty}(x')\sin kx'dx' - \sin k\ell \int_0^\ell M_{Ty}(x')\cos kx'dx'$$

$$b_2 = -k[\sin k\ell \int_0^\ell M_{Ty}(x')\sin kx'dx' + \cos k\ell \int_0^\ell M_{Ty}(x')\cos kx'dx'] \quad \text{(m)}$$

From simultaneous equations (l), we get
$$C_2 = \dfrac{k}{P}[\dfrac{k\ell \sin k\ell + \cos k\ell}{k\ell \cos k\ell - \sin k\ell} \int_0^\ell M_{Ty}(x')\sin kx'dx' + \int_0^\ell M_{Ty}(x')\cos kx'dx'],$$

$$R_0 = \dfrac{k^2}{k\ell \cos k\ell - \sin k\ell} \int_0^\ell M_{Ty}(x')\sin kx'dx' \quad \text{(n)}$$

The substitution of Eqs. (h) and (n) into Eq. (e) gives
$$w = \dfrac{k}{P}[\dfrac{\sin kx(k\ell \sin k\ell + \cos k\ell) - kx}{k\ell \cos k\ell - \sin k\ell} \int_0^\ell M_{Ty}(x')\sin kx'dx'$$
$$+ \sin kx \int_x^\ell M_{Ty}(x')\cos kx'dx' + \cos kx \int_0^x M_{Ty}(x')\sin kx'dx'] \quad \text{(o)} \quad \text{(Answer)}$$

d) Both edges built-in

In this case, the fundamental equation for deflection w is given by Eq. (9.42), which is written as

$$EI_y \frac{d^2w}{dx^2} + Pw = -R_0 x - M_0 - M_{Ty}(x) \tag{a}$$

Then, the simultaneous solution for Eq. (a) is given by

$$w_{c1} = C_1 \cos kx, \quad w_{c2} = C_2 \sin kx \;;\; \text{where} \quad k^2 = \frac{P}{EI_y} \tag{b}$$

Furthermore, the particular solution for Eq. (a) corresponding to the right-hand side terms $-R_0 x - M_0$ is obviously given by

$$w_{p1} = -\frac{1}{P}(R_0 x + M_0) \tag{c}$$

On the other hand, the particular solution for Eq. (a) corresponding to the right-hand side of the remaining term $-M_{Ty}(x)$ is already obtained in the previous section for the boundary conditions of the both sides being simply supported. Namely, referring to the result of Eq. (g) in the previous section, we have

$$w_{p2} = \frac{1}{EI_y k}[\cos kx \int M_{Ty}(x)\sin kx\, dx - \sin kx \int M_{Ty}(x)\cos kx\, dx] \tag{d}$$

From Eqs. (b), (c) and (d), the fundamental solution for w is represented as

$$w = C_1 \cos kx + C_2 \sin kx - \frac{1}{P}(R_0 x + M_0)$$

$$+ \frac{1}{EI_y k}[\cos kx \int M_{Ty}(x)\sin kx\, dx - \sin kx \int M_{Ty}(x)\cos kx\, dx]$$

$$\therefore\; w = C_1 \cos kx + C_2 \sin kx - \frac{1}{P}(R_0 x + M_0)$$

$$+ \frac{k}{P}[\cos kx \int_0^x M_{Ty}(x')\sin kx'\, dx' - \sin kx \int_0^x M_{Ty}(x')\cos kx'\, dx'] \tag{e}$$

And, the boundary conditions are given by Eq. (9.11), namely

$$x = 0,\; \ell \;;\; w = 0,\; \frac{dw}{dx} = 0 \tag{f}$$

From Eq. (e), we have

$$\frac{dw}{dx} = -C_1 k \sin kx + C_2 k \cos kx - \frac{R_0}{P}$$

$$-\frac{k^2}{P}[\sin kx \int_0^x M_{Ty}(x')\sin kx'dx' + \cos kx \int_0^x M_{Ty}(x')\cos kx'dx'] \quad (g)$$

Now, we use various boundary conditions.

a) $x = 0 ; w = 0$

From Eq. (e), it follows that

$$C_1 - \frac{M_0}{P} = 0, \quad \therefore \quad M_0 = C_1 P \quad (h)$$

b) $x = 0 ; \frac{dw}{dx} = 0$

From Eq. (g), we get

$$C_2 k - \frac{R_0}{P} = 0, \quad \therefore \quad R_0 = C_2 k P \quad (i)$$

The substitution of Eqs. (h) and (i) into Eqs. (e) and (g) gives

$$w = C_1(\cos kx - 1) + C_2(\sin kx - kx)$$

$$+ \frac{k}{P}[\cos kx \int_0^x M_{Ty}(x')\sin kx'dx' - \sin kx \int_0^x M_{Ty}(x')\cos kx'dx'],$$

$$\frac{dw}{dx} = -C_1 k \sin kx + C_2 k (\cos kx - 1)$$

$$- \frac{k^2}{P}[\sin kx \int_0^x M_{Ty}(x')\sin kx'dx' + \cos kx \int_0^x M_{Ty}(x')\cos kx'dx'] \quad (j)$$

c) $x = \ell ; w = 0$

From Eq. (j), it follows that

$$C_1(\cos k\ell - 1) + C_2(\sin k\ell - k\ell)$$

$$+ \frac{k}{P}[\cos k\ell \int_0^\ell M_{Ty}(x')\sin kx'dx' - \sin k\ell \int_0^\ell M_{Ty}(x')\cos kx'dx'] = 0 \quad (k)$$

d) $x = \ell ; \frac{dw}{dx} = 0$

From Eq. (j), we receive

$$-C_1 k \sin k\ell + C_2 k(\cos k\ell - 1)$$

$$-\frac{k^2}{P}[\sin k\ell \int_0^\ell M_{Ty}(x')\sin kx'dx' + \cos k\ell \int_0^\ell M_{Ty}(x')\cos kx'dx'] = 0 \quad (l)$$

From Eqs. (k) and (l), the following simultaneous equations are derived:

$$\begin{pmatrix} \cos k\ell - 1, & \sin k\ell - k\ell \\ -\sin k l, & \cos k\ell - 1 \end{pmatrix} \begin{pmatrix} C_1 \\ C_2 \end{pmatrix} = -\frac{k}{P} \begin{pmatrix} b_1 \\ b_2 \end{pmatrix} \quad (m)$$

where

$$b_1 = \cos k\ell \int_0^\ell M_{Ty}(x')\sin kx'dx' - \sin k\ell \int_0^\ell M_{Ty}(x')\cos kx'dx',$$

$$b_2 = -\sin k\ell \int_0^\ell M_{Ty}(x')\sin kx'dx' - \cos k\ell \int_0^\ell M_{Ty}(x')\cos kx'dx' \qquad (n)$$

From simultaneous equations (m), we get

$$C_1 = -\frac{k}{P}\frac{1}{2(1-\cos k\ell) - k\ell\sin k\ell}[(1-\cos k\ell - k\ell\sin k\ell)\int_0^\ell M_{Ty}(x')\sin kx'dx'$$

$$+ (\sin k\ell - k\ell\cos k\ell)\int_0^\ell M_{Ty}(x')\cos kx'dx'],$$

$$C_2 = -\frac{k}{P}\frac{1}{2(1-\cos k\ell) - k\ell\sin k\ell}[\sin k\ell \int_0^\ell M_{Ty}(x')\sin kx'dx'$$

$$+ (\cos k\ell - 1)\int_0^\ell M_{Ty}(x')\cos kx'dx'] \qquad (o)$$

The substitution of Eqs. (o) into Eq. (j) leads to

$$w = \frac{k}{P}\{\frac{1-\cos kx}{2(1-\cos k\ell) - k\ell\sin k\ell}[(1-\cos k\ell - k\ell\sin k\ell)\int_0^\ell M_{Ty}(x')\sin kx'dx'$$

$$+ (\sin k\ell - k\ell\cos k\ell)\int_0^\ell M_{Ty}(x')\cos kx'dx']$$

$$- \frac{\sin kx - kx}{2(1-\cos k\ell) - k\ell\sin k\ell}[\sin k\ell \int_0^\ell M_{Ty}(x')\sin kx'dx' + (\cos k\ell - 1)\int_0^\ell M_{Ty}(x')\cos kx'dx']$$

$$+ \cos kx \int_0^x M_{Ty}(x')\sin kx'dx' - \sin kx \int_0^x M_{Ty}(x')\cos kx'dx'\} \qquad (p) \qquad \text{(Answer)}$$

[Problem 9.6]

If $M_{Ty}(x)$ is given by

$$M_{Ty}(x) = D_0 x(\ell - x), \qquad (a)$$

we may calculate the following integrals:

$$\int M_{Ty}(x)\sin kx dx = \int D_0 x(\ell - x)\sin kx dx$$

$$= \frac{D_0}{k^3}[(k\ell - 2kx)\sin kx - (2 - k^2 x^2 + k^2\ell x)\cos kx],$$

$$\int M_{Ty}(x)\cos kx\,dx = \int D_0 x(\ell-x)\cos kx\,dx$$

$$= \frac{D_0}{k^3}[(k\ell - 2kx)\cos kx + (2 - k^2x^2 + k^2\ell x)\sin kx] \tag{b}$$

a) Both edges simply supported

In this case, the fundamental solution for deflection w is given by Eq. (9.52), which is written as

$$w = \frac{k}{P}[\sin kx \int_x^\ell M_{Ty}(x')\cos kx'\,dx' + \cos kx \int_0^x M_{Ty}(x')\sin kx'\,dx'$$

$$- \cot k\ell \sin kx \int_0^\ell M_{Ty}(x')\sin kx'\,dx'] \tag{c}$$

Making use of Eq. (b), it follows that

$$\int_x^\ell M_{Ty}(x')\cos kx'\,dx' = \frac{D_0}{k^3}[(k\ell - 2kx)\cos kx + (2 - k^2x^2 + k^2\ell x)\sin kx]\Big|_x^\ell$$

$$= \frac{D_0}{k^3}[-k\ell\cos k\ell + 2\sin k\ell - (k\ell - 2kx)\cos kx - (2 - k^2x^2 + k^2\ell x)\sin kx],$$

$$\int_0^x M_{Ty}(x')\sin kx'\,dx' = \frac{D_0}{k^3}[(k\ell - 2kx)\sin kx - (2 - k^2x^2 + k^2\ell x)\cos kx]\Big|_0^x$$

$$= \frac{D_0}{k^3}[(k\ell - 2kx)\sin kx - (2 - k^2x^2 + k^2\ell x)\cos kx + 2],$$

$$\int_0^\ell M_{Ty}(x')\sin kx'\,dx' = \frac{D_0}{k^3}[(k\ell - 2kx)\sin kx - (2 - k^2x^2 + k^2\ell x)\cos kx]\Big|_0^\ell$$

$$= \frac{D_0}{k^3}[2(1 - \cos k\ell) - k\ell \sin k\ell] \tag{d}$$

By the substitution of Eq. (d) into Eq. (c), we have

$$w = \frac{k}{P}\frac{D_0}{k^3}\{\sin kx$$
$$[-k\ell\cos k\ell + 2\sin k\ell - (k\ell - 2kx)\cos kx - (2 - k^2x^2 + k^2\ell x)\sin kx]$$
$$+ \cos kx[(k\ell - 2kx)\sin kx - (2 - k^2x^2 + k^2\ell x)\cos kx + 2]$$
$$- \cot k\ell \sin kx\, [2(1 - \cos k\ell) - k\ell\sin k\ell]\}$$

$$= \frac{D_0}{Pk^2}[2(\cos kx - 1) + 2\frac{1 - \cos k\ell}{\sin k\ell}\sin kx - k^2x(\ell - x)] \tag{e} \quad \text{(Answer)}$$

b) Cantilever beam-column

In this case, the fundamental solution for deflection w is given by Eq. (9.54), which is written as

$$w = \frac{k}{P}\{(\cos kx - 1)[-\int_0^\ell M_{Ty}(x')\sin kx'dx' + \tan k\ell \int_0^\ell M_{Ty}(x')\cos kx'dx']$$

$$+ \cos kx \int_0^x M_{Ty}(x')\sin kx'dx' - \sin kx \int_0^x M_{Ty}(x')\cos kx'dx'\} \quad \text{(f)}$$

Making use of Eq. (b), it follows that

$$\int_0^x M_{Ty}(x')\cos kx'dx' = \frac{D_0}{k^3}[(k\ell - 2kx)\cos kx + (2 - k^2x^2 + k^2\ell x)\sin kx]\Big|_0^x$$

$$= \frac{D_0}{k^3}[(k\ell - 2kx)\cos kx + (2 - k^2x^2 + k^2\ell x)\sin kx - k\ell],$$

$$\int_0^\ell M_{Ty}(x')\cos kx'dx' = \frac{D_0}{k^3}[(k\ell - 2kx)\cos kx + (2 - k^2x^2 + k^2\ell x)\sin kx]\Big|_0^\ell$$

$$= \frac{D_0}{k^3}[2\sin k\ell - k\ell(1 + \cos k\ell)] \quad \text{(g)}$$

By the substitution of Eqs. (d) and (g) into Eq. (f), we have

$$w = \frac{k}{P}\frac{D_0}{k^3}\{-(\cos kx - 1)[2(1 - \cos k\ell) - k\ell \sin k\ell]$$

$$+ (\cos kx - 1)\tan k\ell [2\sin k\ell - k\ell(1 + \cos k\ell)]$$

$$+ \cos kx[(k\ell - 2kx)\sin kx - (2 - k^2x^2 + k^2\ell x)\cos kx + 2]$$

$$- \sin kx[(k\ell - 2kx)\cos kx + (2 - k^2x^2 + k^2\ell x)\sin kx - k\ell]\}$$

$$= \frac{D_0}{Pk^2}[k\ell \sin kx + (\cos kx - 1)\frac{2 - k\ell \sin k\ell}{\cos k\ell} - k^2x(\ell - x)] \quad \text{(h)} \quad \text{(Answer)}$$

c) One edge simply-supported and the other one built-in

In this case, the fundamental solution for deflection w is given by Eq. (9.56), which is written as

$$w = \frac{k}{P}[\frac{\sin kx(k\ell \sin k\ell + \cos k\ell) - kx}{k\ell \cos k\ell - \sin k\ell}\int_0^\ell M_{Ty}(x')\sin kx'dx'$$

$$+ \sin kx \int_x^\ell M_{Ty}(x')\cos kx'dx' + \cos kx \int_0^x M_{Ty}(x')\sin kx'dx'] \quad \text{(i)}$$

The substitution of Eq. (d) into Eq. (i) yields

$$w = \frac{k}{P}\frac{D_0}{k^3}\{\frac{\sin kx(k\ell \sin k\ell + \cos k\ell) - kx}{k\ell \cos k\ell - \sin k\ell}[2(1 - \cos k\ell) - k\ell \sin k\ell]$$

$$+ \sin kx[-k\ell \cos k\ell + 2\sin k\ell - (k\ell - 2kx)\cos kx - (2 - k^2x^2 + k^2\ell x)\sin kx]$$

$$+ \cos kx[(k\ell - 2kx)\sin kx - (2 - k^2x^2 + k^2\ell x)\cos kx + 2]\}$$

$$= \frac{D_0}{Pk^2}\{2(\cos kx - 1) - k^2x(\ell - x) + kx\frac{2(\cos k\ell - 1) + k\ell \sin k\ell}{k\ell \cos k\ell - \sin k\ell}$$

$$+\sin kx \frac{2(\cos k\ell - 1) + k\ell(2\sin k\ell - k\ell)}{k\ell \cos k\ell - \sin k\ell}\} \qquad (j) \qquad \text{(Answer)}$$

d) Both edges built-in

In this case, the fundamental solution for deflection w is given by Eq. (9.58), which is written as

$$w = \frac{k}{P}\{\frac{1-\cos kx}{2(1-\cos k\ell)-k\ell \sin k\ell}[(1-\cos k\ell - k\ell \sin k\ell)\int_0^\ell M_{T_y}(x')\sin kx'dx'$$

$$+(\sin k\ell - k\ell \cos k\ell)\int_0^\ell M_{T_y}(x')\cos kx'dx']$$

$$-\frac{\sin kx - kx}{2(1-\cos k\ell)-k\ell \sin k\ell}[\sin k\ell \int_0^\ell M_{T_y}(x')\sin kx'dx'$$

$$+(\cos k\ell - 1)\int_0^\ell M_{T_y}(x')\cos kx'dx']$$

$$+\cos kx \int_0^x M_{T_y}(x')\sin kx'dx' - \sin kx \int_0^x M_{T_y}(x')\cos kx'dx'\} \qquad (k)$$

By the substitution of Eqs. (d) and (g) into Eq. (k), we have

$$w = \frac{k}{P}\frac{D_0}{k^3}\{\frac{1-\cos kx}{2(1-\cos k\ell)-k\ell \sin k\ell}(1-\cos k\ell - k\ell \sin k\ell)[2(1-\cos k\ell)-k\ell \sin k\ell]$$

$$+\frac{1-\cos kx}{2(1-\cos k\ell)-k\ell \sin k\ell}(\sin k\ell - k\ell \cos k\ell)[2\sin k\ell - k\ell(1+\cos k\ell)]$$

$$-\frac{\sin kx - kx}{2(1-\cos k\ell)-k\ell \sin k\ell}\sin k\ell[2(1-\cos k\ell)-k\ell \sin k\ell]$$

$$-\frac{\sin kx - kx}{2(1-\cos k\ell)-k\ell \sin k\ell}(\cos k\ell - 1)[2\sin k\ell - k\ell(1+\cos k\ell)]$$

$$+\cos kx\,[(k\ell - 2kx)\sin kx - (2 - k^2x^2 + k^2\ell x)\cos kx + 2]$$

$$-\sin kx\,[(k\ell - 2kx)\cos kx + (2 - k^2x^2 + k^2\ell x)\sin kx - k\ell]\}$$

$$= \frac{D_0}{Pk^2}\{k\ell \sin kx - k^2 x(\ell - x)$$

$$+\frac{1-\cos kx}{2(1-\cos k\ell)-k\ell \sin k\ell}[k^2\ell^2(1+\cos k\ell) - 2k\ell \sin k\ell)]\} \qquad (l) \qquad \text{(Answer)}$$

[Problem 9.7]

The stress-displacement relations in the Cartesian coordinates are given by Eq. (9.68), namely

$$\sigma_{xx} = \frac{E}{1-v^2}[\frac{\partial u}{\partial x} + v\frac{\partial v}{\partial y} - z(\frac{\partial^2 w}{\partial x^2} + v\frac{\partial^2 w}{\partial y^2}) - (1+v)\alpha\tau],$$

$$\sigma_{yy} = \frac{E}{1-v^2}[\frac{\partial v}{\partial y} + v\frac{\partial u}{\partial x} - z(\frac{\partial^2 w}{\partial y^2} + v\frac{\partial^2 w}{\partial x^2}) - (1+v)\alpha\tau],$$

$$\sigma_{xy} = \frac{E}{2(1+v)}[\frac{\partial u}{\partial y} + \frac{\partial v}{\partial x} - 2z\frac{\partial^2 w}{\partial x\partial y}] \quad (a)$$

Now, by the coordinate transform, we have following relations:

$$u_i = \beta_{ji}\overline{u}_j, \qquad \overline{\sigma}_{ij} = \beta_{im}\beta_{jn}\sigma_{mn} \quad (b), (c)$$

in which, $u_i = u, v$, $\sigma_{ij} = \sigma_{xx}, \sigma_{yy}, \sigma_{xy}$ are the displacement components and stress components in the Cartesian coordinate system, $\overline{u}_i = u_r, u_\theta$, $\overline{\sigma}_{ij} = \sigma_{rr}, \sigma_{\theta\theta}, \sigma_{r\theta}$ are the displacement components and stress components in the polar coordinate system, β_{ij} is direction cosine defined by

$$\beta_{ij} = \begin{pmatrix} \cos\theta, & \sin\theta \\ -\sin\theta, & \cos\theta \end{pmatrix} \quad (d)$$

The relations between the coordinate variables are given by

$$\begin{pmatrix} x = r\cos\theta \\ y = r\sin\theta \end{pmatrix}, \quad \begin{pmatrix} r^2 = x^2 + y^2 \\ \theta = \arctan\frac{y}{x} \end{pmatrix} \quad (e)$$

Making use of the relation of Eq. (b), displacement components are transformed by the relations.

$$u_x = u_r\cos\theta - u_\theta\sin\theta, \quad u_y = u_r\sin\theta + u_\theta\cos\theta \quad (f)$$

Similarly, stress components are transformed by the relations.

$$\sigma_{rr} = \cos^2\theta\sigma_{xx} + \sin^2\theta\sigma_{yy} + 2\sin\theta\cos\theta\sigma_{xy}$$

$$\sigma_{\theta\theta} = \sin^2\theta\sigma_{xx} + \cos^2\theta\sigma_{yy} - 2\sin\theta\cos\theta\sigma_{xy} \quad (g)$$

$$\sigma_{r\theta} = \sin\theta\cos\theta(\sigma_{yy} - \sigma_{xx}) + (\cos^2\theta - \sin^2\theta)\sigma_{xy}$$

Making use of relation (e), we have

$$\frac{\partial}{\partial x} = \cos\theta \frac{\partial}{\partial r} - \sin\theta \frac{1}{r}\frac{\partial}{\partial \theta}, \qquad \frac{\partial}{\partial y} = \sin\theta \frac{\partial}{\partial r} + \cos\theta \frac{1}{r}\frac{\partial}{\partial \theta},$$

$$\frac{\partial^2}{\partial x^2} = \cos^2\theta \frac{\partial^2}{\partial r^2} + \sin^2\theta(\frac{1}{r}\frac{\partial}{\partial r} + \frac{1}{r^2}\frac{\partial^2}{\partial \theta^2}) - 2\sin\theta\cos\theta(\frac{1}{r}\frac{\partial^2}{\partial r\partial \theta} - \frac{1}{r^2}\frac{\partial}{\partial \theta}),$$

$$\frac{\partial^2}{\partial y^2} = \sin^2\theta \frac{\partial^2}{\partial r^2} + \cos^2\theta(\frac{1}{r}\frac{\partial}{\partial r} + \frac{1}{r^2}\frac{\partial^2}{\partial \theta^2}) + 2\sin\theta\cos\theta(\frac{1}{r}\frac{\partial^2}{\partial r\partial \theta} - \frac{1}{r^2}\frac{\partial}{\partial \theta}),$$

$$\frac{\partial^2}{\partial x\partial y} = \sin\theta\cos\theta(\frac{\partial^2}{\partial r^2} - \frac{1}{r}\frac{\partial}{\partial r} - \frac{1}{r^2}\frac{\partial^2}{\partial \theta^2}) + (\cos^2\theta - \sin^2\theta)(\frac{1}{r}\frac{\partial^2}{\partial r\partial \theta} - \frac{1}{r^2}\frac{\partial}{\partial \theta}) \quad \text{(h)}$$

We now calculate the stress components in the polar coordinate system. Substituting Eqs. (a), (6), and (h) into Eq. (g), we have

$$\sigma_{rr} = \cos^2\theta \sigma_{xx} + \sin^2\theta \sigma_{yy} + 2\sin\theta\cos\theta \sigma_{xy}$$

$$= \frac{E}{1-v^2}\left[\cos^2\theta[\frac{\partial u}{\partial x} + v\frac{\partial v}{\partial y} - z(\frac{\partial^2 w}{\partial x^2} + v\frac{\partial^2 w}{\partial y^2}) - (1+v)\alpha\tau]\right.$$

$$+ \sin^2\theta[\frac{\partial v}{\partial y} + v\frac{\partial u}{\partial x} - z(\frac{\partial^2 w}{\partial y^2} + v\frac{\partial^2 w}{\partial x^2}) - (1+v)\alpha\tau]$$

$$\left. + (1-v)\sin\theta\cos\theta[\frac{\partial u}{\partial y} + \frac{\partial v}{\partial x} - 2z\frac{\partial^2 w}{\partial x\partial y}]\right]$$

$$= \frac{E}{1-v^2}\left[\cos^2\theta(\cos\theta\frac{\partial}{\partial r} - \sin\theta\frac{1}{r}\frac{\partial}{\partial \theta})(u_r\cos\theta - u_\theta\sin\theta)\right.$$

$$+ v\cos^2\theta(\sin\theta\frac{\partial}{\partial r} + \cos\theta\frac{1}{r}\frac{\partial}{\partial \theta})(u_r\sin\theta + u_\theta\cos\theta)$$

$$+ \sin^2\theta(\sin\theta\frac{\partial}{\partial r} + \cos\theta\frac{1}{r}\frac{\partial}{\partial \theta})(u_r\sin\theta + u_\theta\cos\theta)$$

$$+ v\sin^2\theta(\cos\theta\frac{\partial}{\partial r} - \sin\theta\frac{1}{r}\frac{\partial}{\partial \theta})(u_r\cos\theta - u_\theta\sin\theta)$$

$$+ (1-v)\sin\theta\cos\theta(\sin\theta\frac{\partial}{\partial r} + \cos\theta\frac{1}{r}\frac{\partial}{\partial \theta})(u_r\cos\theta - u_\theta\sin\theta)$$

$$+ (1-v)\sin\theta\cos\theta(\cos\theta\frac{\partial}{\partial r} - \sin\theta\frac{1}{r}\frac{\partial}{\partial \theta})(u_r\sin\theta + u_\theta\cos\theta)$$

$$- z\cos^2\theta\{\cos^2\theta\frac{\partial^2 w}{\partial r^2} + \sin^2\theta(\frac{1}{r}\frac{\partial w}{\partial r} + \frac{1}{r^2}\frac{\partial^2 w}{\partial \theta^2}) - 2\sin\theta\cos\theta(\frac{1}{r}\frac{\partial^2 w}{\partial r\partial \theta} - \frac{1}{r^2}\frac{\partial w}{\partial \theta})\}$$

$$- vz\cos^2\theta\{\sin^2\theta\frac{\partial^2 w}{\partial r^2} + \cos^2\theta(\frac{1}{r}\frac{\partial w}{\partial r} + \frac{1}{r^2}\frac{\partial^2 w}{\partial \theta^2}) + 2\sin\theta\cos\theta(\frac{1}{r}\frac{\partial^2 w}{\partial r\partial \theta} - \frac{1}{r^2}\frac{\partial w}{\partial \theta})\}$$

$$- z\sin^2\theta\{\sin^2\theta\frac{\partial^2 w}{\partial r^2} + \cos^2\theta(\frac{1}{r}\frac{\partial w}{\partial r} + \frac{1}{r^2}\frac{\partial^2 w}{\partial \theta^2}) + 2\sin\theta\cos\theta(\frac{1}{r}\frac{\partial^2 w}{\partial r\partial \theta} - \frac{1}{r^2}\frac{\partial w}{\partial \theta})\}$$

$$-vz\sin^2\theta\{\cos^2\theta\frac{\partial^2 w}{\partial r^2}+\sin^2\theta(\frac{1}{r}\frac{\partial w}{\partial r}+\frac{1}{r^2}\frac{\partial^2 w}{\partial\theta^2})-2\sin\theta\cos\theta(\frac{1}{r}\frac{\partial^2 w}{\partial r\partial\theta}-\frac{1}{r^2}\frac{\partial w}{\partial\theta})\}$$

$$-2(1-v)z\sin\theta\cos\theta\{\sin\theta\cos\theta(\frac{\partial^2 w}{\partial r^2}-\frac{1}{r}\frac{\partial w}{\partial r}-\frac{1}{r^2}\frac{\partial^2 w}{\partial\theta^2})$$

$$+(\cos^2\theta-\sin^2\theta)(\frac{1}{r}\frac{\partial^2 w}{\partial r\partial\theta}-\frac{1}{r^2}\frac{\partial w}{\partial\theta})\}-(1+v)\alpha\tau\Big]$$

$$=\frac{E}{1-v^2}\left[\frac{\partial u_r}{\partial r}+v(\frac{u_r}{r}+\frac{1}{r}\frac{\partial u_\theta}{\partial\theta})-z\{\frac{\partial^2 w}{\partial r^2}+v(\frac{1}{r}\frac{\partial w}{\partial r}+\frac{1}{r^2}\frac{\partial^2 w}{\partial\theta^2})\}-(1+v)\alpha\tau\right] \quad (i)$$

$$\sigma_{\theta\theta}=\sin^2\theta\sigma_{xx}+\cos^2\theta\sigma_{yy}-2\sin\theta\cos\theta\sigma_{xy}$$

$$=\frac{E}{1-v^2}\Bigg[\sin^2\theta[\frac{\partial u}{\partial x}+v\frac{\partial v}{\partial y}-z(\frac{\partial^2 w}{\partial x^2}+v\frac{\partial^2 w}{\partial y^2})-(1+v)\alpha\tau]$$

$$+\cos^2\theta[\frac{\partial v}{\partial y}+v\frac{\partial u}{\partial x}-z(\frac{\partial^2 w}{\partial y^2}+v\frac{\partial^2 w}{\partial x^2})-(1+v)\alpha\tau]$$

$$-(1-v)\sin\theta\cos\theta[\frac{\partial u}{\partial y}+\frac{\partial v}{\partial x}-2z\frac{\partial^2 w}{\partial x\partial y}]\Bigg]$$

$$=\frac{E}{1-v^2}\Bigg[\sin^2\theta(\cos\theta\frac{\partial}{\partial r}-\sin\theta\frac{1}{r}\frac{\partial}{\partial\theta})(u_r\cos\theta-u_\theta\sin\theta)$$

$$+v\sin^2\theta(\sin\theta\frac{\partial}{\partial r}+\cos\theta\frac{1}{r}\frac{\partial}{\partial\theta})(u_r\sin\theta+u_\theta\cos\theta)$$

$$+\cos^2\theta(\sin\theta\frac{\partial}{\partial r}+\cos\theta\frac{1}{r}\frac{\partial}{\partial\theta})(u_r\sin\theta+u_\theta\cos\theta)$$

$$+v\cos^2\theta(\cos\theta\frac{\partial}{\partial r}-\sin\theta\frac{1}{r}\frac{\partial}{\partial\theta})(u_r\cos\theta-u_\theta\sin\theta)$$

$$-(1-v)\sin\theta\cos\theta(\sin\theta\frac{\partial}{\partial r}+\cos\theta\frac{1}{r}\frac{\partial}{\partial\theta})(u_r\cos\theta-u_\theta\sin\theta)$$

$$-(1-v)\sin\theta\cos\theta(\cos\theta\frac{\partial}{\partial r}-\sin\theta\frac{1}{r}\frac{\partial}{\partial\theta})(u_r\sin\theta+u_\theta\cos\theta)$$

$$-z\sin^2\theta\{\cos^2\theta\frac{\partial^2 w}{\partial r^2}+\sin^2\theta(\frac{1}{r}\frac{\partial w}{\partial r}+\frac{1}{r^2}\frac{\partial^2 w}{\partial\theta^2})-2\sin\theta\cos\theta(\frac{1}{r}\frac{\partial^2 w}{\partial r\partial\theta}-\frac{1}{r^2}\frac{\partial w}{\partial\theta})\}$$

$$-vz\sin^2\theta\{\sin^2\theta\frac{\partial^2 w}{\partial r^2}+\cos^2\theta(\frac{1}{r}\frac{\partial w}{\partial r}+\frac{1}{r^2}\frac{\partial^2 w}{\partial\theta^2})+2\sin\theta\cos\theta(\frac{1}{r}\frac{\partial^2 w}{\partial r\partial\theta}-\frac{1}{r^2}\frac{\partial w}{\partial\theta})\}$$

$$-z\cos^2\theta\{\sin^2\theta\frac{\partial^2 w}{\partial r^2}+\cos^2\theta(\frac{1}{r}\frac{\partial w}{\partial r}+\frac{1}{r^2}\frac{\partial^2 w}{\partial\theta^2})+2\sin\theta\cos\theta(\frac{1}{r}\frac{\partial^2 w}{\partial r\partial\theta}-\frac{1}{r^2}\frac{\partial w}{\partial\theta})\}$$

$$-vz\cos^2\theta\{\cos^2\theta\frac{\partial^2 w}{\partial r^2}+\sin^2\theta(\frac{1}{r}\frac{\partial w}{\partial r}+\frac{1}{r^2}\frac{\partial^2 w}{\partial\theta^2})-2\sin\theta\cos\theta(\frac{1}{r}\frac{\partial^2 w}{\partial r\partial\theta}-\frac{1}{r^2}\frac{\partial w}{\partial\theta})\}$$

$$+ 2(1-\nu)z\sin\theta\cos\theta\{\sin\theta\cos\theta(\frac{\partial^2 w}{\partial r^2} - \frac{1}{r}\frac{\partial w}{\partial r} - \frac{1}{r^2}\frac{\partial^2 w}{\partial \theta^2})$$

$$+ (\cos^2\theta - \sin^2\theta)(\frac{1}{r}\frac{\partial^2 w}{\partial r\partial\theta} - \frac{1}{r^2}\frac{\partial w}{\partial\theta})\} - (1+\nu)\alpha\tau]\Bigg]$$

$$= \frac{E}{1-\nu^2}\left[\nu\frac{\partial u_r}{\partial r} + (\frac{u_r}{r} + \frac{1}{r}\frac{\partial u_\theta}{\partial \theta}) - z\{\nu\frac{\partial^2 w}{\partial r^2} + (\frac{1}{r}\frac{\partial w}{\partial r} + \frac{1}{r^2}\frac{\partial^2 w}{\partial \theta^2})\} - (1+\nu)\alpha\tau\right] \quad (j)$$

$$\sigma_{r\theta} = \sin\theta\cos\theta(\sigma_{yy} - \sigma_{xx}) + (\cos^2\theta - \sin^2\theta)\sigma_{xy}$$

$$= \frac{E}{1-\nu^2}\Bigg[\sin\theta\cos\theta[-(1-\nu)\frac{\partial u}{\partial x} + (1-\nu)\frac{\partial v}{\partial y} - (1-\nu)z(\frac{\partial^2 w}{\partial y^2} - \frac{\partial^2 w}{\partial x^2})]$$

$$+ (\cos^2\theta - \sin^2\theta)\frac{1-\nu}{2}(\frac{\partial u}{\partial y} + \frac{\partial v}{\partial x} - 2z\frac{\partial^2 w}{\partial x\partial y})\Bigg]$$

$$= \frac{E}{2(1+\nu)}\Bigg[2\sin\theta\cos\theta[-\frac{\partial u}{\partial x} + \frac{\partial v}{\partial y} - z(\frac{\partial^2 w}{\partial y^2} - \frac{\partial^2 w}{\partial x^2})]$$

$$+ (\cos^2\theta - \sin^2\theta)(\frac{\partial u}{\partial y} + \frac{\partial v}{\partial x} - 2z\frac{\partial^2 w}{\partial x\partial y})\Bigg]$$

$$= \frac{E}{2(1+\nu)}\Bigg[-2\sin\theta\cos\theta(\cos\theta\frac{\partial}{\partial r} - \sin\theta\frac{1}{r}\frac{\partial}{\partial \theta})(u_r\cos\theta - u_\theta\sin\theta)$$

$$+ 2\sin\theta\cos\theta(\sin\theta\frac{\partial}{\partial r} + \cos\theta\frac{1}{r}\frac{\partial}{\partial \theta})(u_r\sin\theta + u_\theta\cos\theta)$$

$$+ (\cos^2\theta - \sin^2\theta)(\sin\theta\frac{\partial}{\partial r} + \cos\theta\frac{1}{r}\frac{\partial}{\partial \theta})(u_r\cos\theta - u_\theta\sin\theta)$$

$$+ (\cos^2\theta - \sin^2\theta)(\cos\theta\frac{\partial}{\partial r} - \sin\theta\frac{1}{r}\frac{\partial}{\partial \theta})(u_r\sin\theta + u_\theta\cos\theta)$$

$$- 2z\sin\theta\cos\theta\{\sin^2\theta\frac{\partial^2 w}{\partial r^2} + \cos^2\theta(\frac{1}{r}\frac{\partial w}{\partial r} + \frac{1}{r^2}\frac{\partial^2 w}{\partial \theta^2})$$

$$+ 2\sin\theta\cos\theta(\frac{1}{r}\frac{\partial^2 w}{\partial r\partial\theta} - \frac{1}{r^2}\frac{\partial w}{\partial\theta})$$

$$- \cos^2\theta\frac{\partial^2 w}{\partial r^2} - \sin^2\theta(\frac{1}{r}\frac{\partial w}{\partial r} + \frac{1}{r^2}\frac{\partial^2 w}{\partial \theta^2}) + 2\sin\theta\cos\theta(\frac{1}{r}\frac{\partial^2 w}{\partial r\partial\theta} - \frac{1}{r^2}\frac{\partial w}{\partial\theta})\}$$

$$- 2z(\cos^2\theta - \sin^2\theta)\{\sin\theta\cos\theta(\frac{\partial^2 w}{\partial r^2} - \frac{1}{r}\frac{\partial w}{\partial r} - \frac{1}{r^2}\frac{\partial^2 w}{\partial \theta^2})$$

$$+ (\cos^2\theta - \sin^2\theta)(\frac{1}{r}\frac{\partial^2 w}{\partial r\partial\theta} - \frac{1}{r^2}\frac{\partial w}{\partial\theta})\}\Bigg]$$

$$= \frac{E}{2(1+\nu)}\left[\frac{1}{r}\frac{\partial u_r}{\partial \theta} + r\frac{\partial}{\partial r}(\frac{u_\theta}{r}) - 2z\frac{\partial}{\partial r}(\frac{1}{r}\frac{\partial w}{\partial \theta})\right] \quad (k)$$

138

[Problem 9.8]

The resultant forces constitute a second-order tensor, so that $N_r, N_\theta, N_{r\theta}$ are transformed by the relations given by Eq. (g) in Problem 9.7, namely

$$N_r = \cos^2\theta N_x + \sin^2\theta N_y + 2\sin\theta\cos\theta N_{xy}$$
$$N_\theta = \sin^2\theta N_x + \cos^2\theta N_y - 2\sin\theta\cos\theta N_{xy} \quad\quad (a)$$
$$N_{r\theta} = \sin\theta\cos\theta(N_y - N_x) + (\cos^2\theta - \sin^2\theta)N_{xy}$$

Now, the relations of the stress resultants N_x, N_y, N_{xy} with the stress function F are given by Eq. (9.76), namely

$$N_x = \frac{\partial^2 F}{\partial y^2}, N_y = \frac{\partial^2 F}{\partial x^2}, N_{xy} = -\frac{\partial^2 F}{\partial x \partial y} \quad\quad (b)$$

By the substitution of Eq. (2) into Eq. (1), we have

$$N_r = \cos^2\theta \frac{\partial^2 F}{\partial y^2} + \sin^2\theta \frac{\partial^2 F}{\partial x^2} - 2\sin\theta\cos\theta \frac{\partial^2 F}{\partial x \partial y},$$

$$N_\theta = \sin^2\theta \frac{\partial^2 F}{\partial y^2} + \cos^2\theta \frac{\partial^2 F}{\partial x^2} + 2\sin\theta\cos\theta \frac{\partial^2 F}{\partial x \partial y},$$

$$N_{r\theta} = \sin\theta\cos\theta(\frac{\partial^2 F}{\partial x^2} - \frac{\partial^2 F}{\partial y^2}) - (\cos^2\theta - \sin^2\theta)\frac{\partial^2 F}{\partial x \partial y} \quad\quad (c)$$

The relations for the differential operators such as $\partial^2/\partial x^2, \partial^2/\partial y^2, \partial^2/\partial x \partial y$ are given by Eq. (h) in Problem 9.7

$$\frac{\partial^2}{\partial x^2} = \cos^2\theta \frac{\partial^2}{\partial r^2} + \sin^2\theta(\frac{1}{r}\frac{\partial}{\partial r} + \frac{1}{r^2}\frac{\partial^2}{\partial \theta^2}) - 2\sin\theta\cos\theta(\frac{1}{r}\frac{\partial^2}{\partial r\partial\theta} - \frac{1}{r^2}\frac{\partial}{\partial\theta}),$$

$$\frac{\partial^2}{\partial y^2} = \sin^2\theta \frac{\partial^2}{\partial r^2} + \cos^2\theta(\frac{1}{r}\frac{\partial}{\partial r} + \frac{1}{r^2}\frac{\partial^2}{\partial \theta^2}) + 2\sin\theta\cos\theta(\frac{1}{r}\frac{\partial^2}{\partial r\partial\theta} - \frac{1}{r^2}\frac{\partial}{\partial\theta}),$$

$$\frac{\partial^2}{\partial x \partial y} = \sin\theta\cos\theta(\frac{\partial^2}{\partial r^2} - \frac{1}{r}\frac{\partial}{\partial r} - \frac{1}{r^2}\frac{\partial^2}{\partial \theta^2}) + (\cos^2\theta - \sin^2\theta)(\frac{1}{r}\frac{\partial^2}{\partial r\partial\theta} - \frac{1}{r^2}\frac{\partial}{\partial\theta})$$

$$(d)$$

By the substitution of Eq. (d) into Eq. (c), we can evaluate the stress resultants $N_r, N_\theta, N_{r\theta}$.

$$N_r = \cos^2\theta[\sin^2\theta \frac{\partial^2 F}{\partial r^2} + \cos^2\theta(\frac{1}{r}\frac{\partial F}{\partial r} + \frac{1}{r^2}\frac{\partial^2 F}{\partial \theta^2}) + 2\sin\theta\cos\theta(\frac{1}{r}\frac{\partial^2 F}{\partial r\partial\theta} - \frac{1}{r^2}\frac{\partial F}{\partial \theta})]$$

$$+ \sin^2\theta[\cos^2\theta \frac{\partial^2 F}{\partial r^2} + \sin^2\theta(\frac{1}{r}\frac{\partial F}{\partial r} + \frac{1}{r^2}\frac{\partial^2 F}{\partial \theta^2}) - 2\sin\theta\cos\theta(\frac{1}{r}\frac{\partial^2 F}{\partial r\partial\theta} - \frac{1}{r^2}\frac{\partial F}{\partial \theta})]$$

$$- 2\sin\theta\cos\theta[\sin\theta\cos\theta(\frac{\partial^2 F}{\partial r^2} - \frac{1}{r}\frac{\partial F}{\partial r} - \frac{1}{r^2}\frac{\partial^2 F}{\partial \theta^2}) + (\cos^2\theta - \sin^2\theta)(\frac{1}{r}\frac{\partial^2 F}{\partial r\partial\theta} - \frac{1}{r^2}\frac{\partial F}{\partial \theta})]$$

$$= \frac{1}{r}\frac{\partial F}{\partial \theta} + \frac{1}{r^2}\frac{\partial^2 F}{\partial \theta^2} \qquad (e)$$

$$N_\theta = \sin^2\theta[\sin^2\theta\frac{\partial^2 F}{\partial r^2} + \cos^2\theta(\frac{1}{r}\frac{\partial F}{\partial r} + \frac{1}{r^2}\frac{\partial^2 F}{\partial \theta^2}) + 2\sin\theta\cos\theta(\frac{1}{r}\frac{\partial^2 F}{\partial r\partial \theta} - \frac{1}{r^2}\frac{\partial F}{\partial \theta})]$$

$$+ \cos^2\theta[\cos^2\theta\frac{\partial^2 F}{\partial r^2} + \sin^2\theta(\frac{1}{r}\frac{\partial F}{\partial r} + \frac{1}{r^2}\frac{\partial^2 F}{\partial \theta^2}) - 2\sin\theta\cos\theta(\frac{1}{r}\frac{\partial^2 F}{\partial r\partial \theta} - \frac{1}{r^2}\frac{\partial F}{\partial \theta})]$$

$$+ 2\sin\theta\cos\theta[\sin\theta\cos\theta(\frac{\partial^2 F}{\partial r^2} - \frac{1}{r}\frac{\partial F}{\partial r} - \frac{1}{r^2}\frac{\partial^2 F}{\partial \theta^2}) + (\cos^2\theta - \sin^2\theta)(\frac{1}{r}\frac{\partial^2 F}{\partial r\partial \theta} - \frac{1}{r^2}\frac{\partial F}{\partial \theta})]$$

$$= \frac{1}{r^2}\frac{\partial^2 F}{\partial r^2} \qquad (f)$$

$$N_{r\theta} = \sin\theta\cos\theta[(\cos^2\theta - \sin^2\theta)\frac{\partial^2 F}{\partial r^2} - (\cos^2\theta - \sin^2\theta)(\frac{1}{r}\frac{\partial F}{\partial r} + \frac{1}{r^2}\frac{\partial^2 F}{\partial \theta^2})$$

$$- 4\sin\theta\cos\theta(\frac{1}{r}\frac{\partial^2 F}{\partial r\partial \theta} - \frac{1}{r^2}\frac{\partial F}{\partial \theta})]$$

$$- (\cos^2\theta - \sin^2\theta)[\sin\theta\cos\theta\frac{\partial^2 F}{\partial r^2} - \sin\theta\cos\theta(\frac{1}{r}\frac{\partial F}{\partial r} + \frac{1}{r^2}\frac{\partial^2 F}{\partial \theta^2})$$

$$+ (\cos^2\theta - \sin^2\theta)(\frac{1}{r}\frac{\partial^2 F}{\partial r\partial \theta} - \frac{1}{r^2}\frac{\partial F}{\partial \theta})]$$

$$= -\frac{\partial}{\partial r}(\frac{1}{r}\frac{\partial F}{\partial \theta}) \qquad (g)$$

[Problem 9.9]

The fundamental equations of thermal buckling for a Cartesian coordinate system is given by Eq. (9.83) and (9.84), which are

$$\nabla^2\nabla^2 w = \frac{1}{D}(p - \frac{1}{1-\nu}\nabla^2 M_T + N_x\frac{\partial^2 w}{\partial x^2} + N_y\frac{\partial^2 w}{\partial y^2} + 2N_{xy}\frac{\partial^2 w}{\partial x\partial y}) \qquad (b)$$

$$\nabla^2\nabla^2 w = \frac{1}{D}(-\frac{1}{1-\nu}\nabla^2 M_T + N_x\frac{\partial^2 w}{\partial x^2} + N_y\frac{\partial^2 w}{\partial y^2} + 2N_{xy}\frac{\partial^2 w}{\partial x\partial y}) \qquad (a)'$$

Now, the Laplace operator ∇^2 can be represented in the polar coordinates as

$$\nabla^2 = \frac{\partial^2}{\partial r^2} + \frac{1}{r}\frac{\partial}{\partial r} + \frac{1}{r^2}\frac{\partial^2}{\partial \theta^2} \qquad (b)$$

The stress resultants N_x, N_y, N_{xy} are transformed into the form derived from Eq. (a) in Problem 9.8:

$$N_x = cos^2\theta N_r + sin^2\theta N_\theta - 2sin\theta cos\theta N_{r\theta}$$
$$N_y = sin^2\theta N_r + cos^2\theta N_\theta + 2sin\theta cos\theta N_{r\theta} \quad \text{(c)}$$
$$N_{xy} = sin\theta cos\theta(N_r - N_\theta) + (cos^2\theta - sin^2\theta)N_{r\theta}$$

The relations for the differential operators $\partial^2/\partial x^2, \partial^2/\partial y^2, \partial^2/\partial x \partial y$ are given by Eq. (h) in Problem 9.7

$$\frac{\partial^2}{\partial x^2} = cos^2\theta \frac{\partial^2}{\partial r^2} + sin^2\theta(\frac{1}{r}\frac{\partial}{\partial r} + \frac{1}{r^2}\frac{\partial^2}{\partial \theta^2}) - 2sin\theta cos\theta(\frac{1}{r}\frac{\partial^2}{\partial r\partial\theta} - \frac{1}{r^2}\frac{\partial}{\partial\theta}),$$

$$\frac{\partial^2}{\partial y^2} = sin^2\theta \frac{\partial^2}{\partial r^2} + cos^2\theta(\frac{1}{r}\frac{\partial}{\partial r} + \frac{1}{r^2}\frac{\partial^2}{\partial \theta^2}) + 2sin\theta cos\theta(\frac{1}{r}\frac{\partial^2}{\partial r\partial\theta} - \frac{1}{r^2}\frac{\partial}{\partial\theta}),$$

$$\frac{\partial^2}{\partial x \partial y} = sin\theta cos\theta(\frac{\partial^2}{\partial r^2} - \frac{1}{r}\frac{\partial}{\partial r} - \frac{1}{r^2}\frac{\partial^2}{\partial \theta^2}) + (cos^2\theta - sin^2\theta)(\frac{1}{r}\frac{\partial^2}{\partial r\partial\theta} - \frac{1}{r^2}\frac{\partial}{\partial\theta}) \quad \text{(d)}$$

Making use of Eqs. (3) and (4), we can calculate the following relation:

$$f \equiv N_x \frac{\partial^2 w}{\partial x^2} + N_y \frac{\partial^2 w}{\partial y^2} + 2N_{xy} \frac{\partial^2 w}{\partial x \partial y}$$

$$= [cos^2\theta N_r + sin^2\theta N_\theta - 2sin\theta cos\theta N_{r\theta}]$$

$$\times [cos^2\theta \frac{\partial^2 w}{\partial r^2} + sin^2\theta(\frac{1}{r}\frac{\partial w}{\partial r} + \frac{1}{r^2}\frac{\partial^2 w}{\partial \theta^2}) - 2sin\theta cos\theta(\frac{1}{r}\frac{\partial^2 w}{\partial r\partial\theta} - \frac{1}{r^2}\frac{\partial w}{\partial\theta})]$$

$$+ [sin^2\theta N_r + cos^2\theta N_\theta + 2sin\theta cos\theta N_{r\theta}]$$

$$\times [sin^2\theta \frac{\partial^2 w}{\partial r^2} + cos^2\theta(\frac{1}{r}\frac{\partial w}{\partial r} + \frac{1}{r^2}\frac{\partial^2 w}{\partial \theta^2}) + 2sin\theta cos\theta(\frac{1}{r}\frac{\partial^2 w}{\partial r\partial\theta} - \frac{1}{r^2}\frac{\partial w}{\partial\theta})]$$

$$+ 2[sin\theta cos\theta(N_r - N_\theta) + (cos^2\theta - sin^2\theta)N_{r\theta}]$$

$$\times [sin\theta cos\theta(\frac{\partial^2 w}{\partial r^2} - \frac{1}{r}\frac{\partial w}{\partial r} - \frac{1}{r^2}\frac{\partial^2 w}{\partial \theta^2}) + (cos^2\theta - sin^2\theta)(\frac{1}{r}\frac{\partial^2 w}{\partial r\partial\theta} - \frac{1}{r^2}\frac{\partial w}{\partial\theta})]$$

$$= N_r \frac{\partial^2 w}{\partial r^2} + N_\theta(\frac{1}{r}\frac{\partial w}{\partial r} + \frac{1}{r^2}\frac{\partial^2 w}{\partial \theta^2}) + 2N_{r\theta}\frac{\partial}{\partial r}(\frac{1}{r}\frac{\partial w}{\partial \theta}) \quad \text{(e)}$$

Substituting Eq. (e) into Eqs. (1) or (1)', we have

$$\nabla^2\nabla^2 w = \frac{1}{D}[p - \frac{1}{1-\nu}\nabla^2 M_T + N_r \frac{\partial^2 w}{\partial r^2} + N_\theta(\frac{1}{r}\frac{\partial w}{\partial r} + \frac{1}{r^2}\frac{\partial^2 w}{\partial \theta^2}) + 2N_{r\theta}\frac{\partial}{\partial r}(\frac{1}{r}\frac{\partial w}{\partial \theta})] \quad \text{(f)}$$

$$\nabla^2\nabla^2 w = \frac{1}{D}[-\frac{1}{1-\nu}\nabla^2 M_T + N_r \frac{\partial^2 w}{\partial r^2} + N_\theta(\frac{1}{r}\frac{\partial w}{\partial r} + \frac{1}{r^2}\frac{\partial^2 w}{\partial \theta^2}) + 2N_{r\theta}\frac{\partial}{\partial r}(\frac{1}{r}\frac{\partial w}{\partial \theta})] \quad \text{(f)'}$$

[Problem 9.10]

The governing equation for w is given by Eq. (9.152)

$$\frac{d^2w}{dr^2} + \frac{1}{r}\frac{dw}{dr} + \beta^2 w = C_1 \ln r + C_2 \quad (a)$$

The complementary solution for Eq. (a) may be obtained as

$$w_c = D_1 J_0(\beta r) + D_2 Y_0(\beta r) \quad (b)$$

The particular solution for the term C_2 of Eq. (a) can be evaluated as

$$w_p = \frac{1}{\beta^2} C_2 \quad (c)$$

On the other hand, the particular solution satisfying the right-hand side term $C_1 \ln r$ of Eq. (a) can be calculated by the method of variation of parameters. Now, we put that

$$u_1 = J_0(\beta r), \quad u_2 = Y_0(\beta r), \quad R = \ln r \quad (d)$$

Then,

$$W = \begin{vmatrix} J_0(\beta r), & Y_0(\beta r) \\ -\beta J_1(\beta r), & -\beta Y_1(\beta r) \end{vmatrix} = -\beta[J_0(\beta r)Y_1(\beta r) - J_1(\beta r)Y_0(\beta r)] = \frac{2}{\pi}\frac{1}{r} \quad (e)$$

$$\frac{dA_1}{dr} = -\frac{Ru_2}{W} = -\frac{\pi}{2}r\ln r Y_0(\beta r), \quad \therefore A_1 = -\frac{\pi}{2}\int r\ln r Y_0(\beta r)dr \quad (f)$$

$$\frac{dA_2}{dr} = \frac{Ru_1}{W} = \frac{\pi}{2}r\ln r J_0(\beta r), \quad \therefore A_2 = \frac{\pi}{2}\int r\ln r J_0(\beta r)dr \quad (g)$$

Therefore,

$$w_p = A_1 u_1 + A_2 u_2 = \frac{\pi}{2}[-J_0(\beta r)\int r\ln r Y_0(\beta r)dr + Y_0(\beta r)\int r\ln r J_0(\beta r)dr] \quad (h)$$

Summing up Eqs. (b),(c) and (h), we have

$$w = D_1 J_0(\beta r) + D_2 Y_0(\beta r)$$

$$+ C_1 \frac{\pi}{2}[-J_0(\beta r)\int r\ln r Y_0(\beta r)dr + Y_0(\beta r)\int r\ln r J_0(\beta r)dr] + \frac{1}{\beta^2}C_2 \quad (i)$$

Chapter 10

[Solution 10.1]

[Solution 10.2]
Performing the contraction of tensors ε_{ij} and δ_{ij}, we have ε_{kk} and $\delta_{kk}=3$, respectively. Then, from Eq. (10.60) we have

$$\sigma_{kk} = 2\mu\varepsilon_{kk} + 3\lambda\varepsilon_{kk} - 3\beta\tau = 3[(\lambda + \frac{2}{3}\mu)\varepsilon_{kk} - \beta\tau] = 3(K\varepsilon_{kk} - \beta\tau) \qquad \text{(Answer)}$$

where $K = (\lambda + \frac{2}{3}\mu)$.

[Solution 10.3]
When motion of the body can be neglected, $\ddot{u}_i$ in Eq. (10.89) can be evaluated as zero. Thus, we have Eq. (4.1").

[Solution 10.4]
When motion of the body can be neglected, Eq. (10.93) yields Eq. (4.23'"). Thus we have Eq. (4.23a).

[Solution 10.5]
When the body force is zero, we may take $\xi = 0$ and $\chi = 0$ in Eqs. (10.102), and subsequently in Eqs. (10.107), (10.107'), and (10.108). When the internal heat generation in an elastic body does not exist, we have $Q^* = 0$ in Eqs. (10.107) and (10.107'). Thus, we have Eqs. (10.168), (10.169), and (10.170) from Eqs. (10.107), (10.107'), and (10.108), respectively.

[Solution 10.6]

When the initial motion and the initial temperature are zero, that is, $\dfrac{d^n\phi(0)}{dt^n}=0$, $\dfrac{d^n\psi(0)}{dt^n}=\mathbf{0}$, and $\dfrac{d^n\tau(0)}{dt^n}=0$ $(n=0,1,2)$, the Laplace transformations of $\dfrac{d^m\phi(t)}{dt^m}$, $\dfrac{d^m\psi(t)}{dt^m}$, and $\dfrac{d^m\tau(t)}{dt^m}$ $(m=1,2,3)$ lead to $p^m\overline{\phi}$, $p^m\overline{\psi}$, and $p^m\overline{\tau}$, respectively. (See Table 3.1.) Thus, we have Eqs. (10.171), (10.172), and (10.173) from Eqs. (10.168), (10.169), and (10.170), respectively.

[Solution 10.7]
Eq. (10.171) is rewritten as

$$\left\{\nabla^4 - \left[\frac{p^2}{c_1^2} + \left(\frac{1}{\kappa}+\eta K\right)p\right]\nabla^2 + \frac{p^3}{c_1^2\kappa}\right\}\overline{\phi} = 0 \tag{a}$$

Since the equation

$$\lambda^2 - \left[\frac{p^2}{c_1^2} + \left(\frac{1}{\kappa}+\eta K\right)p\right]\lambda + \frac{p^3}{c_1^2\kappa} = 0 \tag{b}$$

has roots

$$\lambda = a_1 \equiv \frac{1}{2}\left\{\left[\frac{p^2}{c_1^2} + \left(\frac{1}{\kappa}+\eta K\right)p\right] + \sqrt{\left[\frac{p^2}{c_1^2} + \left(\frac{1}{\kappa}+\eta K\right)p\right]^2 - 4\frac{p^3}{c_1^2\kappa}}\right\} \tag{c}$$

and

$$\lambda = a_2 \equiv \frac{1}{2}\left\{\left[\frac{p^2}{c_1^2} + \left(\frac{1}{\kappa}+\eta K\right)p\right] - \sqrt{\left[\frac{p^2}{c_1^2} + \left(\frac{1}{\kappa}+\eta K\right)p\right]^2 - 4\frac{p^3}{c_1^2\kappa}}\right\} \tag{d}$$

Therefore, Eq. (a) is rewritten as

$$(\nabla^2 - a_1)(\nabla^2 - a_2)\overline{\phi} = 0 \tag{e}$$

Thus, $\overline{\phi}$ is obtained as

$$\overline{\phi} = \overline{\phi}_1 + \overline{\phi}_2 \tag{f}$$

so that $\bar{\phi}_1$ and $\bar{\phi}_2$ may satisfy

$$(\nabla^2 - a_1)\bar{\phi}_1 = 0 \tag{g}$$

and

$$(\nabla^2 - a_2)\bar{\phi}_2 = 0 \tag{h}$$

[Solution 10.8]

$$\Delta V = 3\alpha \int_V T dV = 3\alpha \int_a^b \left(C_0 + \frac{C_1}{r}\right) \cdot 4\pi r^2 dr = 12\pi\alpha\left[\frac{1}{3}C_0(b^3 - a^3) + \frac{1}{2}C_1(b^2 - a^2)\right]$$